Lexikon | *obras de referência*

UBIRATAN OLIVEIRA
ANTÔNIO CARLOS CASTAÑON VIEIRA
JÚLIO CÉSAR RODRIGUES JUNIOR

cálculo vetorial e geometria analítica

COMITÊ EDITORIAL   *Regiane Burger, Modesto Guedes Ferreira Junior, Ubiratan Oliveira*

LÍDER DO PROJETO   *Ubiratan Oliveira*

AUTORES DOS ORIGINAIS   *Ubiratan Oliveira, Antônio Carlos Castañon Vieira, Júlio César Rodrigues Junior*

PROJETO EDITORIAL
Lexikon Editora

REVISÃO TÉCNICA
Altair Ferreira Filho, D.Sc.

DIRETOR EDITORIAL
Carlos Augusto Lacerda

REVISÃO
Perla Serafim

COORDENAÇÃO EDITORIAL
Sonia Hey

DIAGRAMAÇÃO
Nathanael Souza

ASSISTENTE EDITORIAL
Luciana Aché

CAPA
Sense Design

PROJETO GRÁFICO
Paulo Vitor Fernandes Bastos

© 2015, by Lexikon Editora Digital

Todos os direitos reservados. Nenhuma parte desta obra pode ser apropriada e estocada em sistema de banco de dados ou processo similar, em qualquer forma ou meio, seja eletrônico, de fotocópia, gravação etc., sem a permissão do detentor do copirraite.

CIP-BRASIL. CATALOGAÇÃO NA PUBLICAÇÃO
SINDICATO NACIONAL DOS EDITORES DE LIVROS, RJ

O52c

    Oliveira, Ubiratan
        Cálculo vetorial e geometria analítica / Ubiratan Oliveira, Antônio Carlos Castañon Vieira, Júlio César Rodrigues Junior. – 1. ed. - Rio de Janeiro : Lexikon, 2015.
        136 p. ; 28 cm.

    Inclui bibliografia
    ISBN 978-85-8300-021-1

    1. Geometria analítica. 2. Cálculo vetorial. 3. Geometria. I. Vieira, Antônio Carlos Castañon. II. Rodrigues Junior, Júlio César. III. Título.

CDD: 516.3
CDU: 514.12

Lexikon Editora Digital
Rua da Assembleia, 92/3º andar – Centro
20011-000 Rio de Janeiro – RJ – Brasil
Tel.: (21) 2526-6800 – Fax: (21) 2526-6824
www.lexikon.com.br – sac@lexikon.com.br

Sumário

Prefácio 5

1. Vetores — 7

1.1 Definição 9
1.2 Módulo de um vetor 10
1.3 Tipos de vetores 10
1.4 Operações com vetores 13
1.5 Ângulo entre vetores 16
1.6 Vetor unitário 18
1.7 Decomposição de vetores 19
1.8 Representação de um vetor conhecidos seus pontos origem e extremidade 21
1.9 Igualdade de vetores 23
1.10 Paralelismo de dois vetores 23
1.11 Módulo de um vetor 24
1.12 Vetor unitário de uma direção 27
1.13 Obtenção de um vetor dados o módulo e direção 29

2. Produto de vetores — 33

2.1 Produto escalar 34
2.2 Interpretação geométrica do produto escalar 34
2.3 Produto escalar dos unitários das direções dos eixos cartesianos ... 35
2.4 Produto escalar dadas as coordenadas dos vetores 35
2.5 Ângulo entre vetores 36
2.6 Condição de ortogonalidade entre vetores 36
2.7 Cossenos diretores de um vetor 39
2.8 Projeção de um vetor na direção de outro vetor 41
2.9 Produto vetorial 42
2.10 Interpretação geométrica do produto vetorial de dois vetores 42
2.11 Colinearidade de vetores 43
2.12 Produto vetorial dos unitários das direções dos eixos cartesianos ... 43
2.13 Produto vetorial dadas as coordenadas dos vetores 44
2.14 Produto misto 47
2.15 Interpretação geométrica do produto misto 49
2.16 Coplanaridade 51

3. Retas — 55

- 3.1 Equação vetorial da reta no R^2 56
- 3.2 Equação vetorial da reta no R^3 59
- 3.3 Equações paramétricas da reta no R^3 61
- 3.4 Equações simétricas da reta no R^3 65
- 3.5 Equações reduzidas da reta no R^3 69
- 3.6 Reta ortogonal no R^3 74
- 3.7 Ângulo entre retas no R^3 74

4. Planos e distâncias — 81

- 4.1 Definição 82
- 4.2 Equação geral do plano 82
- 4.3 Determinação de um plano 83
- 4.4 Ângulo de dois planos 86
- 4.5 Ângulo de uma reta com um plano 87
- 4.6 Interseção de dois planos 88
- 4.7 Interseção de reta com plano 89
- 4.8 Distâncias 90
- 4.9 Distância entre dois pontos 90
- 4.10 Distância de um ponto a uma reta 90
- 4.11 Distância entre duas retas paralelas 92
- 4.12 Distância de um ponto a um plano 93

5. Cônicas — 95

- 5.1 Circunferência 96
- 5.2 Elipse 108
- 5.3 Parábola 121
- 5.4 Hipérbole 127

Prefácio

Após muitos anos de magistério, resolvemos escrever uma obra que possibilite aos alunos ingressantes dos cursos de engenharia uma revisão dos principais conceitos da geometria analítica, uma vez que será ferramenta presente na longa caminhada acadêmica destes estudantes.

O embrião desta obra nasceu a partir da experiência em sala de aula, tendo em vista as principais necessidades de nossos alunos. Surge, então, o estímulo para a concretização de um sonho: um material didático de apoio à iniciação acadêmica de nossos futuros engenheiros.

Sem pretensão de esgotar o assunto, este projeto apresenta temas centrais, como a discussão dos vetores e das retas no R^2 e R^3, e um estudo dos planos e das cônicas. O texto do livro é desprovido de excesso de formalismo matemático, o que contribui muito para uma compreensão mais direta. Diversos problemas resolvidos são apresentados em todos os capítulos, além de exercícios de fixação.

Aproveitamos para agradecer a todos que viabilizaram a concretização desta obra com incentivo e valiosas contribuições. E a todos que vierem a utilizá-la, agradecemos antecipadamente as sugestões enviadas para que, no futuro, sejam corrigidas eventuais falhas ou omissões.

OS AUTORES

1 Vetores

UBIRATAN OLIVEIRA

1 Vetores

? CURIOSIDADE

Estudo de vetores

O Estádio Olímpico João Havelange, também conhecido como Engenhão, é um dos maiores projetos arquitetônicos do mundo. Nele podemos observar vários elementos que notabilizam a importância do estudo de vetores.

Seu projeto arquitetônico é arrojado e possui o maior vão do mundo, com 220 m de extensão e quase 90 m de altura.

Para alcançar o objetivo de projeto e execução, foi necessária uma equipe com cerca de 50 profissionais especializados.

Este monumento foi construído entre setembro de 2003 e junho de 2007; uma obra que tem uma área de cerca de 180 mil m².

Engenhão © Medeiros, G.

O **_estudo de vetores_** é uma das mais importantes atividades no estudo da engenharia. Por meio dele, podemos calcular esforços presentes no sistema, possibilitando com isso antever problemas ou mesmo simular situações que envolvam otimizações de recursos.

© "Dome", Lisa Wilding

Figura 1.1 Imagem de estrutura metálica de telhado

Para tal, faz-se necessário o estudo desde o primeiro período, de modo que o aluno possa evoluir em seus conhecimentos no estudo da engenharia sem maiores dificuldades.

O estudo de vetores é de caráter multidisciplinar nas engenharias e sua aplicação é voltada para os cálculos, as físicas, a mecânica geral, a resistência dos materiais etc.

Embora saibamos que as ferramentas tecnológicas disponibilizadas no mundo atual propiciam ao o engenheiro grande facilidade e rapidez em seus projetos, há que se ressaltar que sempre será o homem que introduzirá os dados iniciais no programa. Por mais perfeito que seja o *software*, ele sempre dependerá do ser humano para que possa funcionar da melhor forma possível.

Os cálculos na engenharia nunca serão abandonados, eles serão utilizados nem que seja na validação dos dados obtidos pelas ferramentas computacionais e, em toda situação de análise de engenharia, os vetores sempre serão ferramentas fundamentais na obtenção dos objetivos do projeto.

 EXEMPLO

Exemplo de aplicação de vetores

Construção de ponte através do rio Dnipro em Kiev, Ucrânia

© Chernova123

1.1 Definição

Um vetor é uma grandeza matemática que possui módulo ou intensidade, direção e sentido.

O módulo é o tamanho do vetor, sua direção é a mesma da reta suporte que o contém, e o sentido é para onde ele está apontado.

Uma mesma direção possui dois sentidos. Por exemplo, a direção horizontal apresenta o sentido para a direita e o sentido para a esquerda; a direção vertical apresenta o sentido para cima e o sentido para baixo.

> **EXEMPLO**
>
> Composição de vetores
>
>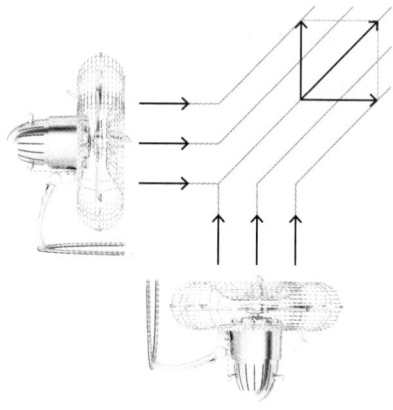

Um vetor é representado geometricamente por uma seta, que apresenta origem e extremidade.

Figura 1.2 Representação geométrica de um vetor

Na figura acima, o ponto A é a origem e o ponto B é a extremidade.

Um vetor pode ser designado por uma letra, normalmente minúscula, com uma seta na sua parte superior ou por duas letras, normalmente indicativas da origem e extremidade, também com uma seta na sua parte superior.

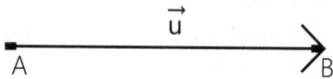

Figura 1.3 Representação e designação de um vetor

Na figura acima, vemos o vetor $\vec{u}$ ou $\vec{AB}$.

1.2 Módulo de um vetor

O módulo de um vetor, que indica seu tamanho, é representado pela mesma designação do vetor, porém sem a seta em sua parte superior ou com a seta na parte superior e entre duas barras verticais.

Vetor $\vec{u}$ a módulo u ou $|\vec{u}|$

Vetor $\vec{AB}$ a módulo AB ou $|\vec{AB}|$

1.3 Tipos de vetores

Vetores iguais

Dois vetores $\vec{u}$ e $\vec{v}$ são iguais se apresentam mesmo módulo, mesma direção e sentido.

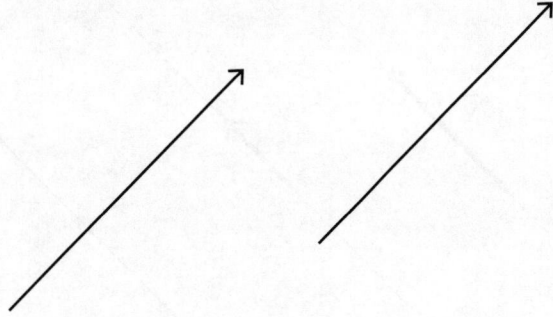

Figura 1.4 Vetores iguais

Vetores opostos

Dois vetores $\vec{u}$ e $\vec{v}$ são opostos se apresentam mesmo módulo, mesma direção e sentidos contrários. Neste caso o vetor $\vec{v}$ também é representado por $-\vec{u}$.

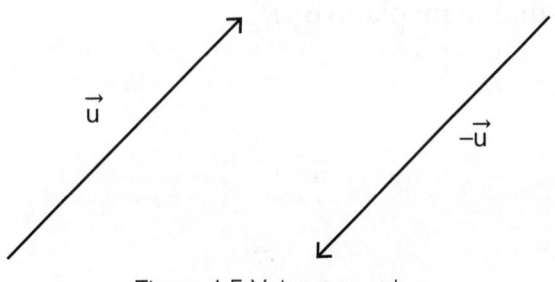

Figura 1.5 Vetores opostos

Vetor unitário

Um vetor é definido como unitário quando apresenta módulo igual a um.

Se $\vec{\lambda}$ é unitário, então $\lambda = 1$ ou $|\vec{\lambda}| = 1$.

Versor

Um versor de um determinado vetor $\vec{u}$ não nulo é um vetor unitário de mesma direção e sentido do vetor $\vec{u}$.

Vetores colineares

Dois vetores $\vec{u}$ e $\vec{v}$ são colineares se apresentam a mesma direção. Para tal, podem estar sobre a mesma reta suporte, ou em retas paralelas.

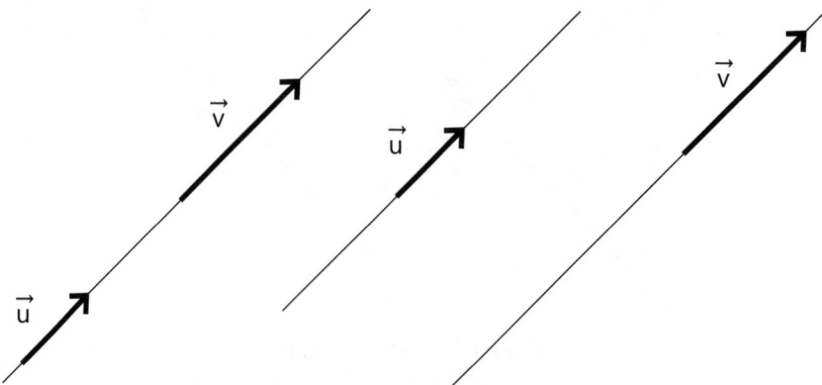

Figura 1.6 Vetores colineares

Vetores coplanares

No R^2, dois vetores são coplanares, ou seja, estão no mesmo plano porque definem esse plano (desde que esses vetores não sejam colineares), tendo em vista que são montados sobre duas retas suporte e duas retas não colineares sempre definem um plano no R^2.

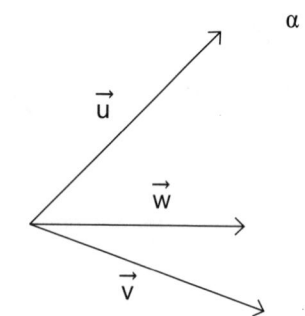

Figura 1.7 Vetores coplanares

Três vetores podem ser coplanares ou não. Não serão coplanares se a reta suporte de um dos vetores fizer um ângulo com o plano definido pelos outros dois.

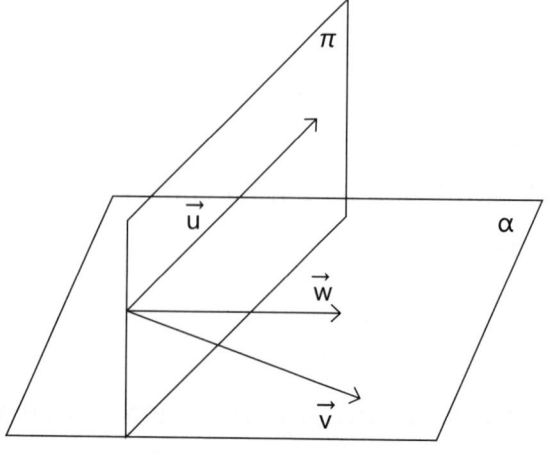

Figura 1.8 Vetores não coplanares

1.4 Operações com vetores

Adição de dois vetores com mesma origem

Quando somamos dois vetores com mesma origem, devemos completar um paralelogramo com os vetores, traçando pela extremidade de cada vetor uma paralela ao outro vetor. O vetor soma ou resultante é aquele que sai da origem comum até o encontro das paralelas, no vértice oposto ao da origem. Tal método é conhecido como método do paralelogramo.

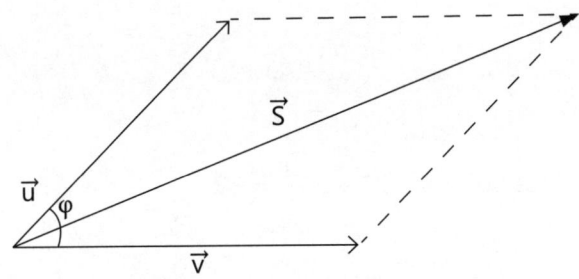

Figura 1.9 Método do paralelogramo

$\vec{S} = \vec{u} + \vec{v}$

O módulo do vetor soma pode ser calculado por:

$$S^2 = u^2 + v^2 + 2.u.\cos \varphi$$

Onde φ é o ângulo entre os vetores, e S, u e v são os módulos dos vetores $\vec{S}$, $\vec{u}$ e $\vec{v}$ respectivamente.

EXERCÍCIO RESOLVIDO

1) Dados os vetores abaixo, de módulos u = 2 e v = 5, determine geometricamente o vetor soma, bem como calcule seu módulo.

a)

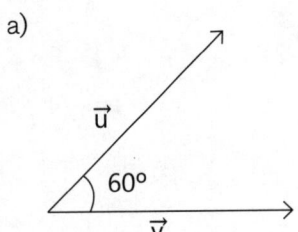

b)

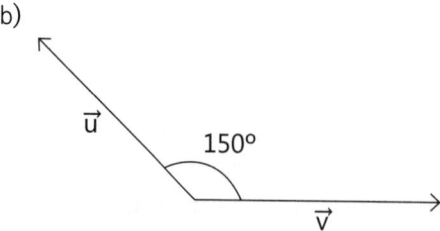

Solução

a)

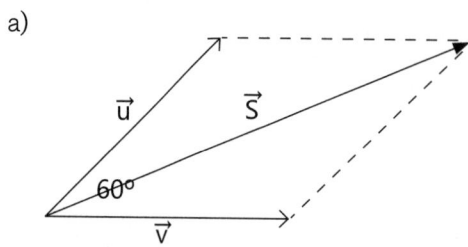

$S^2 = 2^2 + 5^2 + 2.2.5.\cos 60° = 4 + 25 + 20.\dfrac{1}{2} = 39$

$S = \sqrt{39}$

b)

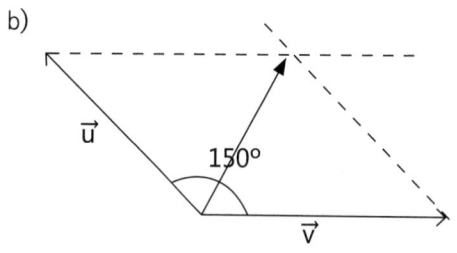

$S^2 = 2^2 + 5^2 + 2.2.5.\cos 150° = 4 + 25 + 20.\dfrac{-\sqrt{3}}{2} = 29 - 10\sqrt{3}$

Adição de dois vetores com a extremidade de um vetor coincidindo com a origem do outro

Quando somamos dois vetores com a extremidade de um vetor coincidindo com a origem do outro vetor, basta que completemos o triângulo tendo os dois vetores como dois lados do triângulo. O vetor soma ou resultante é o que sai da origem do primeiro vetor até a extremidade do segundo vetor. Tal método é conhecido como método do triângulo.

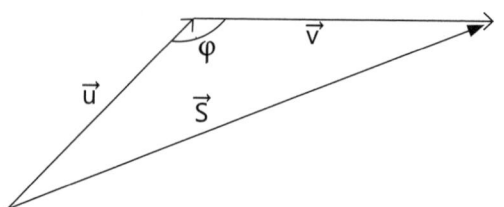

Figura 1.10 Método do triângulo

$\vec{S} = \vec{u} + \vec{v}$

O módulo do vetor soma pode ser calculado por:

$$S^2 = u^2 + v^2 - 2.u.v.\cos\varphi$$

Onde φ é o ângulo entre os vetores, e S, u e v são os módulos dos vetores $\vec{S}$, $\vec{u}$ e $\vec{v}$ respectivamente.

Adição de vários vetores

Quando desejamos somar vários vetores, devemos colocá-los inicialmente com a extremidade de um vetor coincidindo com a origem do outro vetor, formando um só vetor. O vetor soma ou resultante é aquele que sai da origem do primeiro vetor até a extremidade do último vetor. Tal método é conhecido como método do polígono.

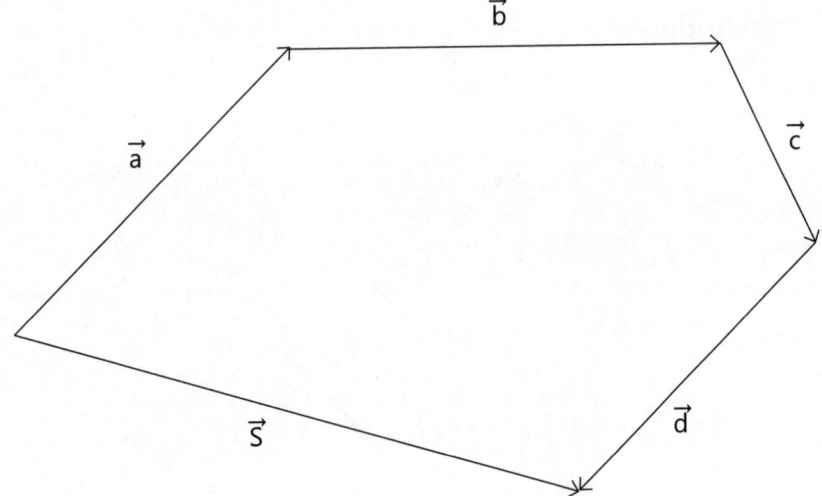

Figura 1.11 Método do polígono: $\vec{S}$ é o vetor resultante

Diferença de vetores

Quando desejamos achar a diferença de dois vetores $\vec{u}$ e $\vec{v}$, devemos primeiro achar o oposto do vetor $\vec{v}$, isto é, o vetor $-\vec{v}$, para poder somá-lo ao vetor $\vec{u}$.

$\vec{D} = \vec{u} - \vec{v}$

$\vec{D} = \vec{u} + (-\vec{v})$

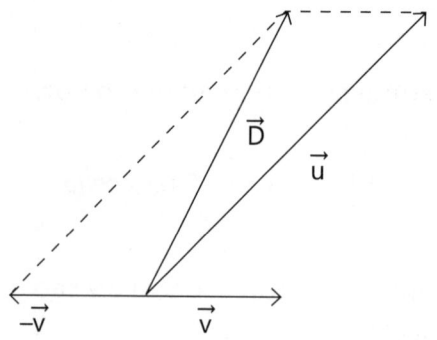

Figura 1.12 Diferença de vetores

Multiplicação de um vetor por um escalar

Ao multiplicarmos um vetor $\vec{u}$ por um escalar k qualquer, obteremos um novo vetor com mesma direção e módulo multiplicado por esse escalar. O sentido do novo vetor dependerá do sinal do escalar k, ou seja, se o sinal for positivo, o sentido permanecerá o mesmo, se o sinal for negativo, haverá a inversão do sentido.

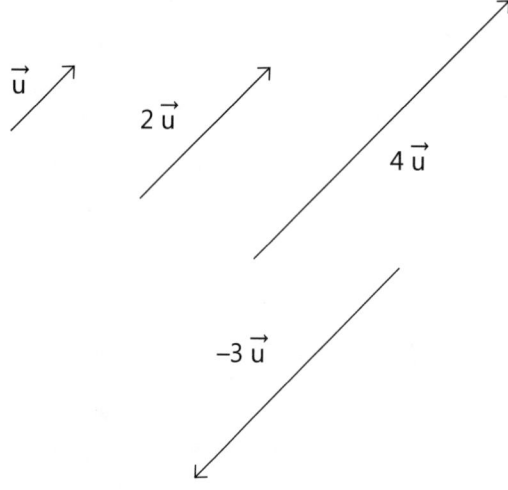

Figura 1.13 Múltiplos de um vetor

1.5 Ângulo entre vetores

Sejam dois vetores não nulos $\vec{u}$ e $\vec{v}$. O ângulo φ que eles fazem entre si é o ângulo que as semirretas suporte dos vetores, isto é, as semirretas que contêm os vetores, fazem entre si. Para verificarmos o ângulo, os vetores devem estar dispostos com suas origens coincidentes; caso não estejam, devem ser colocados dessa forma.

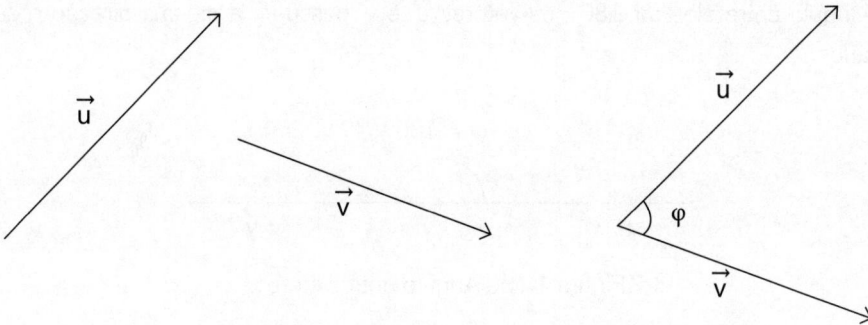

Figura 1.14 Ângulo entre vetores

OBSERVAÇÕES

1. Se o ângulo entre eles for 0°, os vetores $\vec{u}$ e $\vec{v}$ possuem a mesma direção e sentido. Neste caso, são chamados de colineares e são múltiplos entre si.

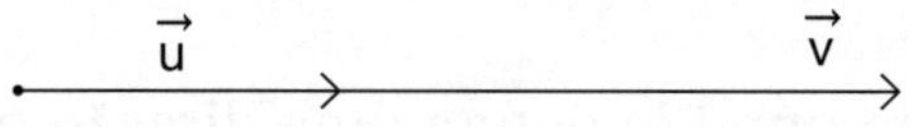

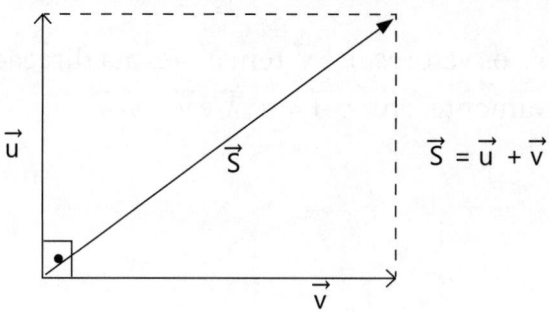

Figura 1.15a Ângulo entre vetores

2. Se o ângulo entre eles for 90°, os vetores $\vec{u}$ e $\vec{v}$ são ditos ortogonais.

Figura 1.15b Ângulo entre vetores

Neste caso, o módulo do vetor resultante pode ser obtido pelo teorema de Pitágoras, onde:

$$S^2 = u^2 + v^2$$

É importante observar que o módulo do vetor resultante obtido acima é um caso particular da fórmula de soma de vetores, onde o ângulo vale 90°.

$S^2 = u^2 + v^2 + 2.u.v.\cos \varphi$

$S^2 = u^2 + v^2 + 2.u.v.\cos 90°$

$S^2 = u^2 + v^2 + 2.u.v.0$

$$S^2 = u^2 + v^2$$

3. Se o ângulo entre eles for **180°**, os vetores $\vec{u}$ e $\vec{v}$ possuem a mesma direção e sentidos contrários.

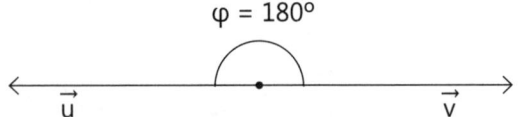

Figura 1.15c Ângulo entre vetores

4. Se os vetores $\vec{u}$ e $\vec{v}$ forem ortogonais, o vetor $\vec{u}$ é ortogonal a qualquer vetor colinear ao vetor $\vec{v}$.

1.6 Vetor unitário

É o vetor de módulo um. Ele define uma direção porque qualquer vetor de uma determinada direção pode ser obtido como um múltiplo do vetor unitário daquela direção. Isto é, quando for conhecido um vetor unitário de uma direção, qualquer vetor daquela direção pode ser obtido – basta multiplicar este vetor pelo módulo do vetor que se deseja obter.

Se $\vec{\lambda}$ é unitário e se os vetores $\vec{u}$ e $\vec{v}$ têm a mesma direção de λ, com módulos u e v, respectivamente, então $\vec{u} = u \cdot \vec{\lambda}$ e $\vec{v} = v \cdot \vec{\lambda}$.

★ EXEMPLO

Se u é módulo do vetor $\vec{u}$ e u = 3, se $\vec{u}$ tem a mesma direção de $\vec{\lambda}$, com $\vec{\lambda}$ unitário, então $\vec{u} = 3\vec{\lambda}$.

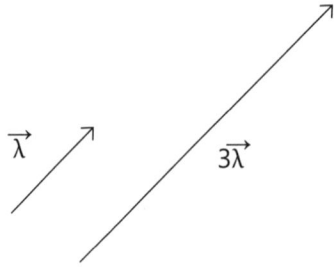

Os vetores unitários das direções dos eixos cartesianos têm sua representação definida por $\vec{i}, \vec{j}$ e $\vec{k}$, unitários dos eixos x, y e z, respectivamente.

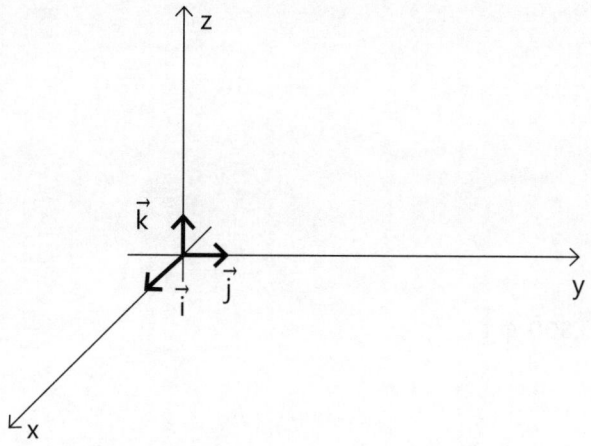

Figura 1.16 Vetores unitários dos eixos cartesianos

1.7 Decomposição de vetores

Decompor um vetor significa obter seus componentes em outras direções, de tal sorte que se somarmos essas componentes obteremos o vetor principal. Quando as direções são os eixos cartesianos, teremos:

No R^2

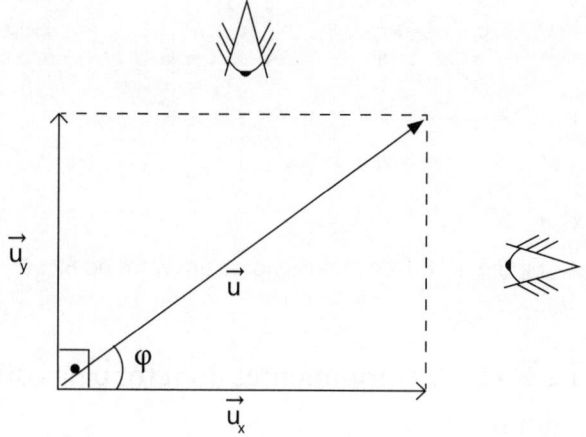

Figura 1.17 Decomposição de um vetor no R^2

Os vetores $\vec{u}_x$ e $\vec{u}_y$ são as componentes do vetor $\vec{u}$ nas direções dos eixos x e y, respectivamente.

$\vec{u} = \vec{u}_x + \vec{u}_y$

Cada componente do vetor $\vec{u}$ pode ser expressa através dos unitários das direções dos eixos, portanto:

$\vec{u}_x = \vec{u}_x \vec{i}$

$\vec{u}_y = \vec{u}_y \vec{j}$

sendo

$\vec{u}_x = u.\cos \varphi$

$\vec{u}_y = u.\sin \varphi$

logo

$\vec{u} = u.\cos \varphi \, \vec{i} + u.\sin \varphi \, \vec{j}$

No R^3

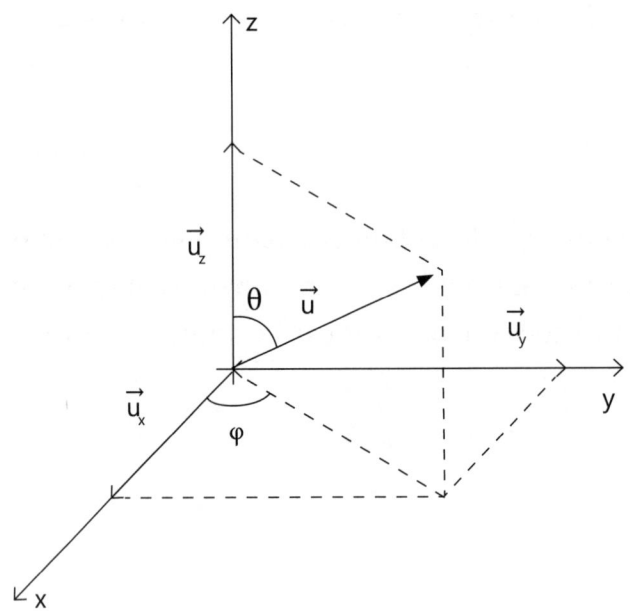

Figura 1.18 Decomposição de um vetor no R^3

Os vetores $\vec{u}_x$, $\vec{u}_y$ e $\vec{u}_z$ são as componentes do vetor $\vec{u}$ nas direções dos eixos x, y e z, respectivamente.

$\vec{u} = \vec{u}_x + \vec{u}_y + \vec{u}_z$

Cada componente do vetor $\vec{u}$ pode ser expressa através dos unitários das direções dos eixos, portanto:

$\vec{u}_x = u_x \vec{i}$

$\vec{u}_y = u_y \vec{j}$

$\vec{u}_z = u_z \vec{k}$

sendo

$u_x = u.\cos \varphi$

$u_y = u.\text{sen } \varphi$

$u_z = u.\cos \theta$

logo

$\vec{u} = u.\cos \varphi \, \vec{i} + u.\text{sen } \varphi \, \vec{j} + u.\cos \theta \, \vec{k}$

1.8 Representação de um vetor conhecidos seus pontos origem e extremidade

Se forem conhecidos os pontos origem e extremidade de um vetor, as coordenadas deste serão definidas pela diferença entre as coordenadas dos pontos extremidade e origem, nesta ordem. Esta forma é chamada de analítica.

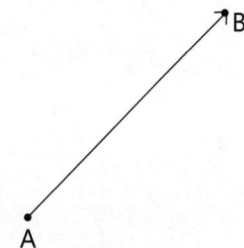

Figura 1.19 Representação de um vetor por pontos

Sejam os pontos A (x_A, y_A, z_A) e B (x_B, y_B, z_B), então o vetor $\vec{AB}$ é:

$\vec{AB} = B - A$

$\vec{AB} = (x_B - x_A, y_B - y_A, z_B - z_A)$

★ EXEMPLO

Sejam os pontos A $(-2, 1, 5)$, B $(1, 0, 2)$ e C $(1, -2, 3)$
$\vec{AB} = (1 - (-2), 0 - 1, 2 - 5) = (3, -1, -3)$
$\vec{AC} = (1 - (-2), -2 - 1, 3 - 5) = (3, -3, -2)$
$\vec{BC} = (1 - 1, -2 - 0, 3 - 2) = (0, -2, 1)$

Os vetores representados por suas coordenadas têm esses valores como os módulos das suas componentes nas direções x, y e z. Logo, esta representação também pode ser feita pelos unitários dessas direções.

$\vec{AB} = (x_B - x_A, y_B - y_A, z_B - z_A) = (x_B - x_A) \, \vec{i} + (y_B - y_A) \, \vec{j} + (z_B - z_A) \, \vec{k}$

No exemplo anterior:
$\vec{AB} = (3, -1, -3) = 3\vec{i} - \vec{j} - 3\vec{k}$
$\vec{AC} = (3, -3, -2) = 3\vec{i} - 3\vec{j} - 2\vec{k}$
$\vec{BC} = (0, -2, 1) = -2\vec{j} + \vec{k}$

EXERCÍCIOS RESOLVIDOS

2) Dados os pontos A (1, 1, 2), B (–1, 0, 3) e C (2, –3, 2), determine os vetores:
a) $\vec{AB}$
b) $\vec{AC}$
c) $\vec{BC}$

Solução
a) $\vec{AB} = (-1 - 1, 0 - 1, 3 - 2) = (-2, -1, 1)$
b) $\vec{AC} = (2 - 1, -3 - 1, 2 - 2) = (1, -4, 0)$
c) $\vec{BC} = (2 - (-1), -3 - 0, 2 - 3) = (3, -3, -1)$

3) Dados os vetores abaixo, determine o vetor $\vec{w}$.
$\vec{u} = 3\vec{i} + 2\vec{j} - \vec{k}$

$\vec{v} = (1, 0, -2)$

a) $2(\vec{u} + \vec{v}) - 2\vec{w} = 3(\vec{v} - 2\vec{w}) + \vec{u}$

b) $3\vec{w} - 4(\vec{v} - 2\vec{u}) = 4(2\vec{w} - \vec{v}) + 3\vec{u}$

Solução
a) Podemos inicialmente representar o vetor $\vec{u}$ na forma analítica

$\vec{u} = (3, 2, -1)$

Desenvolvendo a expressão, buscando isolar o vetor $\vec{w}$, vem:

$2\vec{u} + 2\vec{v} = 3\vec{v} - 6\vec{w} + \vec{u}$

$-2\vec{w} + 6\vec{w} = 3\vec{v} + \vec{u} - 2\vec{u} - 2\vec{v}$

$4\vec{w} = \vec{v} - \vec{u}$

$4\vec{w} = (1, 0, -2) - (3, 2, -1) = (-2, -2, -1)$

$\vec{w} = \left(\dfrac{-2}{4}, \dfrac{-2}{4}, \dfrac{-1}{4}\right) = \left(\dfrac{-1}{2}, \dfrac{-1}{2}, \dfrac{-1}{4}\right)$

b) $3\vec{w} - 4\vec{v} + 8\vec{u} = 8\vec{w} - 4\vec{v} + 3\vec{u}$

$3\vec{w} - 8\vec{w} = -4\vec{v} + 3\vec{u} + 4\vec{v} - 8\vec{u}$

$-5\vec{w} = -5\vec{u}$

$\vec{w} = \vec{u}$

$\vec{w} = (3, 2, -1)$

1.9 Igualdade de vetores

Dois vetores $\vec{u}$ (u_x, u_y, u_z) e $\vec{v}$ (v_x, v_y, v_z) são iguais se, e somente se:

$u_x = v_x$

$u_y = v_y$

$u_z = v_z$

EXERCÍCIO RESOLVIDO

4) Dados os vetores $\vec{u} = (2, -1, 4)$ e $\vec{v}$ $(2 + m, -1, 3 + 2n)$, determinar os valores de m e n para que os vetores sejam iguais.

Solução

Para que os vetores sejam iguais, suas coordenadas deverão ser iguais. Então:

$2 = m + 2$

$-1 = -1$

$4 = 3 + 2n$

Das igualdades acima, vê-se:

$m = 0$ e $2n = 1$, logo, $n = \dfrac{1}{2}$

1.10 Paralelismo de dois vetores

Dois vetores $\vec{u} = (u_x, u_y, u_z)$ e $\vec{v} = (v_x, v_y, v_z)$ são paralelos ou colineares se existir um escalar k tal que $\vec{u} = k.\vec{v}$.

$(u_x, u_y, u_z) = k.(v_x, v_y, v_z)$

ou

$(u_x, u_y, u_z) = (kv_x, kv_y, kv_z)$

EXERCÍCIO RESOLVIDO

5) Dados os vetores $\vec{u}$ (2, –1, 4) e (2 + m, 3, 3 + 2n), determinar os valores de **m** e **n** para que os vetores sejam paralelos.

Solução

Para que os vetores sejam paralelos, suas coordenadas devem ser proporcionais, com mesmo coeficiente de proporcionalidade. Logo

$$\frac{2}{2+m} = \frac{-1}{3} = \frac{4}{3+2n}$$

Da equação acima temos:

$$\frac{2}{2+m} = \frac{-1}{3} \to 6 = -2 - m \to m = -8$$

$$\frac{-1}{3} = \frac{4}{3+2n} \to 12 = -3 - 2n \to 2n = -15 \to n = \frac{-15}{2}$$

1.11 Módulo de um vetor

O módulo ou intensidade de um vetor é o seu tamanho. É a parte escalar do vetor. Sua determinação pode ser feita por:

No R^2

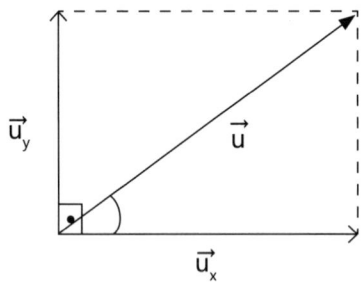

Figura 1.20 Módulo de um vetor no R^2

Na figura acima, vemos que o módulo do vetor $\vec{u}$ é a hipotenusa de um triângulo retângulo que tem como catetos, os módulos das suas componentes $\vec{u}_x$ e $\vec{u}_y$. Portanto, para sua determinação, podemos aplicar o teorema de Pitágoras. Logo:

$u^2 = u_x^2 + u_y^2$

$u = \sqrt{u_x^2 + u_y^2}$

Por exemplo, nos vetores:

$\vec{u} = (3, -3) = 3\vec{i} - 3\vec{j}$

u ou $|\vec{u}| = \sqrt{3^2 + (-3)^2} = \sqrt{18} = 3\sqrt{2}$

$\vec{v} = (1, -2) = \vec{i} - 2\vec{j}$

v ou $|\vec{v}| = \sqrt{1^2 + (-2)^2} = \sqrt{5}$

$\vec{w} = (0, -2) = -2\vec{k}$

w ou $|\vec{w}| = \sqrt{0^2 + (-2)^2} = \sqrt{4} = 2$

Estes valores finais representam os tamanhos dos vetores $\vec{u}$, $\vec{v}$ e $\vec{w}$, respectivamente.

No R^3

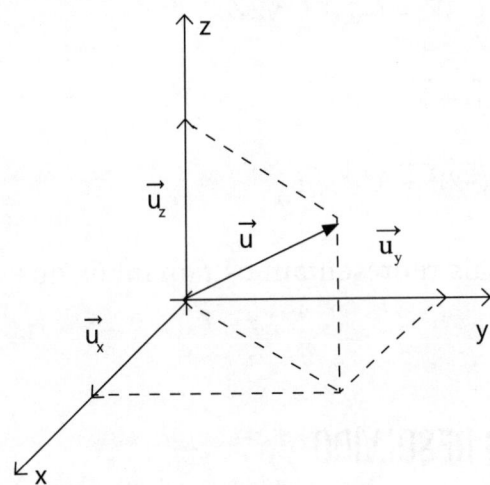

Figura 1.21 Decomposição de um vetor no R^3

Na figura acima, vemos que o módulo do vetor $\vec{u}$ é a diagonal de um paralelepípedo, cujas arestas são os módulos das suas componentes $\vec{u}_x$, $\vec{u}_y$ e $\vec{u}_z$.

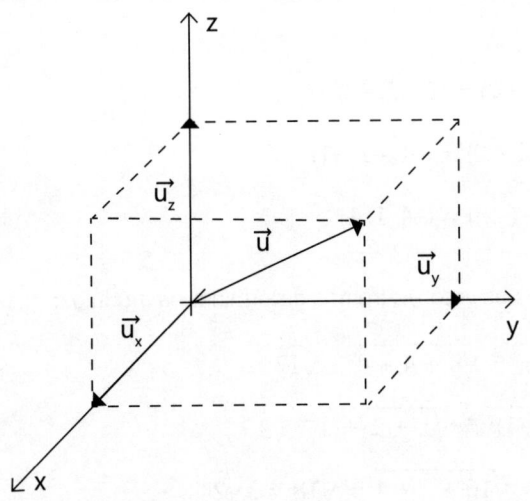

Figura 1.22 Módulo de um vetor no R^3

Como o módulo do vetor $\vec{u}$ é a diagonal do paralelepípedo, então:

$$u^2 = u_x^2 + u_y^2 + u_z^2$$

$$u = \sqrt{u_x^2 + u_y^2 + u_z^2}$$

Por exemplo:

$$\vec{AB} = (3, -1, -3) = 3\vec{i} - \vec{j} - 3\vec{k}$$

$$AB \text{ ou } |\vec{AB}| = \sqrt{3^2 + (-1)^2 + (-3)^2} = \sqrt{19}$$

$$\vec{AC} = (3, -3, -2) = 3\vec{i} - 3\vec{j} - 2\vec{k}$$

$$AC \text{ ou } |\vec{AC}| = \sqrt{3^2 + (-3)^2 + (-2)^2} = \sqrt{22}$$

$$\vec{BC} = (0, -2, 1) = -2\vec{j} + \vec{k}$$

$$BC \text{ ou } |\vec{BC}| = \sqrt{0^2 + (-2)^2 + 1^2} = \sqrt{5}$$

Estes valores finais representam os tamanhos dos vetores $\vec{AB}$, $\vec{AC}$ e $\vec{BC}$, respectivamente.

EXERCÍCIO RESOLVIDO

6) Dados os pontos A (–1, 2, 0), B (2, 0, –2) e C (–2, 1, –1), determinar os módulos dos vetores $\vec{AB}$, $\vec{AC}$ e $\vec{BC}$.

Solução

Dados os pontos, os vetores são obtidos pela diferença das coordenadas entre os pontos extremidade e origem.

$$\vec{AB} = (2 - (-1), 0 - 2, -2 - 0) = (3, -2, -2)$$

$$\vec{AC} = (-2 - (-1), 1 - 2, -1 - 0) = (-1, -1, -1)$$

$$\vec{BC} = (-2 - 2, 1 - 0, -1 - (-2)) = (-4, 1, 1)$$

Agora que determinamos os vetores, iremos determinar os módulos:

$$AB = \sqrt{3^2 + (-2)^2 + (-2)^2} = \sqrt{9 + 4 + 4} = \sqrt{17}$$

$$AC = \sqrt{(-1)^2 + (-1)^2 + (-1)^2} = \sqrt{1 + 1 + 1} = \sqrt{3}$$

$$BC = \sqrt{(-4)^2 + 1^2 + 1^2} = \sqrt{16 + 1 + 1} = \sqrt{18} = 3\sqrt{2}$$

1.12 Vetor unitário de uma direção

Dados pontos determinantes de uma direção, podemos estabelecer o unitário dela. A importância disso é que a partir deste unitário qualquer vetor desta direção poderá ser determinado, desde que se conheça seu módulo.

Seja a direção mostrada na figura abaixo, determinada por pontos A e B:

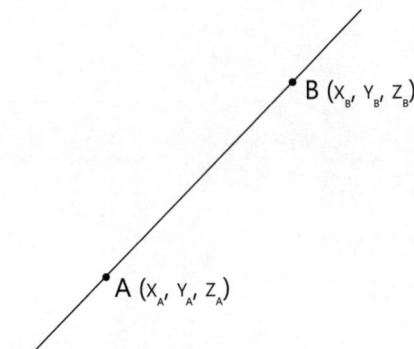

Figura 1.23 Direção definida por dois pontos

Desde que conhecemos as coordenadas dos pontos A e B, podemos determinar o vetor $\vec{AB}$.

$$\vec{AB} = (x_B - x_A,\ y_B - y_A,\ z_B - z_A)$$

Seja $\vec{\lambda}$ o vetor unitário desta direção:

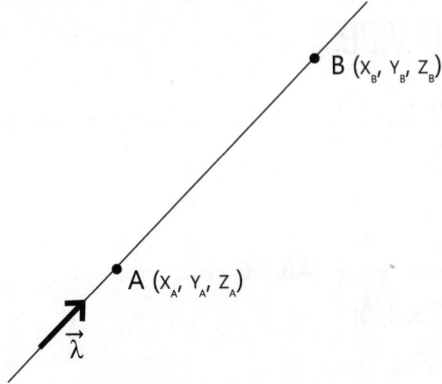

Figura 1.24 Direção e seu unitário

O vetor $\vec{AB}$ é um múltiplo do vetor unitário $\vec{\lambda}$, já que eles possuem a mesma direção e, como o vetor unitário tem módulo um, o vetor $\vec{AB}$ é exatamente o produto do seu módulo pelo vetor unitário. Assim:

$$\vec{AB} = AB \cdot \vec{\lambda}$$

$$\vec{\lambda} = \frac{\vec{AB}}{AB} = \frac{(x_B - x_A, y_B - y_A, z_B - z_A)}{\sqrt{(x_B - x_A)^2 + (y_B - y_A)^2 + (z_B - z_A)^2}}$$

★ EXEMPLO

Sejam os pontos A (–2, 1, 5), B (1, 0, 2) e C (1, –2, 3), determinar os vetores unitários das direções dos vetores $\vec{AB}$, $\vec{AC}$ e $\vec{BC}$.

$\vec{AB} = (3, -1, -3) = 3\vec{i} - \vec{j} - 3\vec{k}$
$\vec{AC} = (3, -3, -2) = 3\vec{i} - 3\vec{j} - 2\vec{k}$
$\vec{BC} = (0, -2, 1) = -2\vec{j} + \vec{k}$

AB ou $|\vec{AB}| = \sqrt{3^2 + (-1)^2 + (-3)^2} = \sqrt{19}$
AC ou $|\vec{AC}| = \sqrt{3^2 + (-3)^2 + (-2)^2} = \sqrt{22}$
BC ou $|\vec{BC}| = \sqrt{0^2 + (-2)^2 + 1^2} = \sqrt{5}$

Portanto,

$$\vec{\lambda}_{AB} = \frac{(3, -1, -3)}{\sqrt{19}} = \left(\frac{3}{\sqrt{19}}, \frac{-1}{\sqrt{19}}, \frac{-3}{\sqrt{19}}\right) = \frac{3}{\sqrt{19}}\vec{i} + \frac{-1}{\sqrt{19}}\vec{j} + \frac{-3}{\sqrt{19}}\vec{k}$$

$$\vec{\lambda}_{AC} = \frac{(3, -3, -2)}{\sqrt{22}} = \left(\frac{3}{\sqrt{22}}, \frac{-3}{\sqrt{22}}, \frac{-2}{\sqrt{22}}\right) = \frac{3}{\sqrt{22}}\vec{i} + \frac{-3}{\sqrt{22}}\vec{j} + \frac{-2}{\sqrt{22}}\vec{k}$$

$$\vec{\lambda}_{BC} = \frac{(0, -2, 1)}{\sqrt{5}} = \left(\frac{0}{\sqrt{5}}, \frac{-2}{\sqrt{5}}, \frac{-1}{\sqrt{5}}\right) = \frac{-2}{\sqrt{5}}\vec{j} + \frac{-1}{\sqrt{5}}\vec{k}$$

↗ EXERCÍCIO RESOLVIDO

7) Dados os pontos A (2, –2, 0), B (–1, 1, 0) e C (0, 0, 1), determinar os vetores unitários das direções dos vetores $\vec{AB}$, $\vec{AC}$ e $\vec{BC}$.

Solução

Primeiro precisamos determinar os vetores $\vec{AB}$, $\vec{AC}$ e $\vec{BC}$.

$\vec{AB} = (-1 - 2, 1 - (-2), 0 - 0) = (-3, 3, 0)$
$\vec{AC} = (0 - 2, 0 - (-2), 1 - 0) = (-2, 2, 1)$
$\vec{BC} = (0 - (-1), 0 - 1, 1 - 0) = (1, -1, 1)$

Feito isto, determinaremos seus módulos.

AB ou $|\vec{AB}| = \sqrt{(-3)^2 + 3^2 + 0^2} = \sqrt{18} = 3\sqrt{2}$
AC ou $|\vec{AC}| = \sqrt{(-2)^2 + 2^2 + 1^2} = \sqrt{9} = 3$
BC ou $|\vec{BC}| = \sqrt{1^2 + (-1)^2 + 1^2} = \sqrt{3}$

Agora podemos determinar os vetores unitários das direções dos vetores $\vec{AB}$, $\vec{AC}$ e $\vec{BC}$.

$$\vec{\lambda}_{AB} = \frac{(-3, 3, 0)}{3\sqrt{2}} = \left(\frac{-3}{3\sqrt{2}}, \frac{3}{3\sqrt{2}}, 0\right) = \left(\frac{-1}{\sqrt{2}}, \frac{1}{\sqrt{2}}, 0\right) = \frac{-1}{\sqrt{2}}\vec{i} + \frac{1}{\sqrt{2}}\vec{j}$$

$$\vec{\lambda}_{AC} = \frac{(-2, 2, 1)}{3} = \left(\frac{-2}{3}, \frac{2}{3}, \frac{1}{3}\right) = \frac{-2}{3}\vec{i} + \frac{2}{3}\vec{j} + \frac{1}{3}\vec{k}$$

$$\vec{\lambda}_{BC} = \frac{(1, -1, 1)}{\sqrt{3}} = \left(\frac{1}{\sqrt{3}}, \frac{-1}{\sqrt{3}}, \frac{1}{\sqrt{3}}\right) = \frac{1}{3}\vec{i} + \frac{-1}{\sqrt{3}}\vec{j} + \frac{1}{\sqrt{3}}\vec{k}$$

1.13 Obtenção de um vetor dados o módulo e a direção

Em determinadas situações, temos o módulo de um vetor e sua direção. Por exemplo, na engenharia, em um determinado sistema em equilíbrio, através de um dinamômetro, definimos o módulo de uma força, temos sua direção e precisamos determinar o vetor força que apresenta aquele módulo, seja para levantar outras forças atuantes em outras partes do sistema, seja para calcular o momento desta força em relação a um ponto ou eixo etc.

Quando temos o módulo de um vetor $\vec{u}$ e a sua direção, podemos determinar um vetor daquela direção. Logo podemos definir o unitário daquela direção. Se temos o unitário e conhecemos o módulo do vetor $\vec{u}$, basta multiplicarmos o módulo do vetor pelo unitário daquela direção.

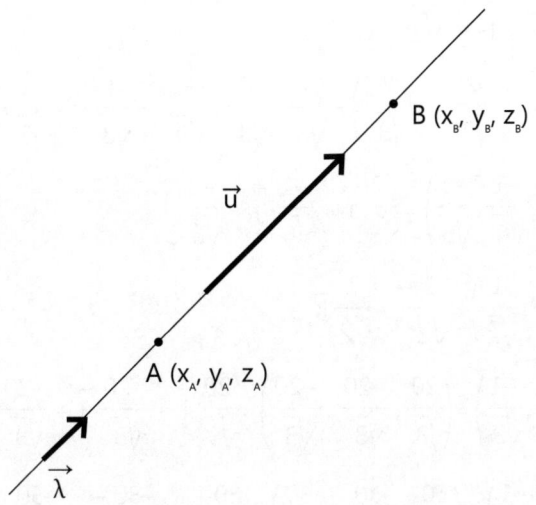

Figura 1.25 Direção de um vetor dado seu unitário

Seja a figura anterior, na qual conhecemos os pontos A e B por onde passa uma determinada direção, seja um vetor $\vec{u}$ qual conhecemos apenas seu módulo e desejamos descobrir o vetor. Primeiramente, devemos definir um vetor desta direção, o vetor $\vec{AB}$. Logo:

$$\vec{AB} = (x_B - x_A, y_B - y_A, z_B - z_A)$$

Em seguida, devemos determinar o unitário desta direção, isto é, o vetor $\vec{\lambda}$. Portanto:

$$\vec{\lambda} = \frac{\vec{AB}}{AB} = \frac{(x_B - x_A, y_B - y_A, z_B - z_A)}{\sqrt{(x_B - x_A)^2 + (y_B - y_A)^2 + (z_B - z_A)^2}}$$

O vetor $\vec{u}$ será obtido pelo produto do seu módulo u pelo unitário $\vec{\lambda}$.

$$\vec{u} = u \cdot \vec{\lambda}$$

⭐ EXEMPLO

Sejam os pontos A (−1, 1, 3), B (1, −1, 1) e C (1, 0, 2). Sejam u = 20, v = 30 e w = 50, módulos dos vetores $\vec{u}, \vec{v}$ e $\vec{w}$, que se encontram nas direções dos vetores $\vec{AB}, \vec{AC}$ e $\vec{BC}$, respectivamente. Determinar os vetores $\vec{u}, \vec{v}$ e $\vec{w}$.

$\vec{AB} = 1 - (-1), -1 - 1, 1 - 3) = (2, -2, -2)$
$\vec{AC} = (1 - (-1), 0 - 1, 2 - 3) = (2, -1, -1)$
$\vec{BC} = (1 - 1, 0 - (-1), 2 - 1) = (0, 1, 1)$
AB ou $|\vec{AB}| = \sqrt{2^2 + (-2)^2 + (-2)^2} = \sqrt{12} = 2\sqrt{3}$
AC ou $|\vec{AC}| = \sqrt{2^2 + (-1)^2 + (-1)^2} = \sqrt{6}$
BC ou $|\vec{BC}| = \sqrt{0^2 + (-1)^2 + 1^2} = \sqrt{2}$

$$\vec{\lambda}_{AB} = \frac{(2, -2, -2)}{2\sqrt{3}} = \left(\frac{2}{2\sqrt{3}}, \frac{-2}{2\sqrt{3}}, \frac{-2}{2\sqrt{3}}\right) = \left(\frac{1}{\sqrt{3}}, \frac{-1}{\sqrt{3}}, \frac{-1}{\sqrt{3}}\right) = \frac{1}{\sqrt{3}}\vec{i} + \frac{-1}{\sqrt{3}}\vec{j} + \frac{-1}{\sqrt{3}}\vec{k}$$

$$\vec{\lambda}_{AC} = \frac{(2, -1, -1)}{\sqrt{6}} = \left(\frac{2}{\sqrt{6}}, \frac{-1}{\sqrt{6}}, \frac{-1}{\sqrt{6}}\right) = \frac{2}{\sqrt{6}}\vec{i} + \frac{-1}{\sqrt{6}}\vec{j} + \frac{-1}{\sqrt{6}}\vec{k}$$

$$\vec{\lambda}_{BC} = \frac{(0, 1, 1)}{\sqrt{2}} = \left(0, \frac{1}{\sqrt{2}}, \frac{1}{\sqrt{2}}\right) = \frac{1}{\sqrt{2}}\vec{j} + \frac{1}{\sqrt{2}}\vec{k}$$

$$\vec{u} = u \cdot \vec{\lambda}_{AB} = 20 \cdot \left(\frac{1}{\sqrt{3}}, \frac{-1}{\sqrt{3}}, \frac{-1}{\sqrt{3}}\right) = \left(\frac{20}{\sqrt{3}}, \frac{-20}{\sqrt{3}}, \frac{-20}{\sqrt{3}}\right) = \frac{20}{\sqrt{3}}\vec{i} + \frac{-20}{\sqrt{3}}\vec{j} + \frac{-20}{\sqrt{3}}\vec{k}$$

$$\vec{v} = v \cdot \vec{\lambda}_{AC} = 30 \cdot \left(\frac{2}{\sqrt{6}}, \frac{-1}{\sqrt{6}}, \frac{-1}{\sqrt{6}}\right) = \left(\frac{60}{\sqrt{6}}, \frac{-30}{\sqrt{6}}, \frac{-30}{\sqrt{6}}\right) = \frac{60}{\sqrt{6}}\vec{i} + \frac{-30}{\sqrt{6}}\vec{j} + \frac{-30}{\sqrt{6}}\vec{k}$$

$$\vec{w} = w \cdot \vec{\lambda}_{BC} = 50 \cdot \left(0, \frac{-1}{\sqrt{2}}, \frac{-1}{\sqrt{2}}\right) = \left(0, \frac{50}{\sqrt{2}}, \frac{50}{\sqrt{2}}\right) = \frac{50}{\sqrt{2}}\vec{j} + \frac{50}{\sqrt{2}}\vec{k}$$

EXERCÍCIOS DE FIXAÇÃO

1) Dados os vetores $\vec{u} = (1, -5, 2)$ e $\vec{v} = (0, 3, 3)$, determinar o vetor $\vec{w}$, tal que:
a) $2(\vec{u} + 3\vec{v}) + 2\vec{w} = \vec{u} - 2(\vec{v} + 3\vec{w})$
b) $2\vec{w} + 5(\vec{v} - \vec{u}) = 2\vec{u} + 2\vec{v}$

2) Dados os pontos M (1, 2, 3), N (0, 1, -2) e P (-1, -1, 0), determinar o ponto Q, tal que $\vec{PQ} = 2\vec{MN}$.

3) Verificar se os pontos M (1, 2, -2), N (0, 1, 2) e P (-1, 3, 1) são colineares.

4) Determinar o valor de x de modo que sejam colineares os pontos M (-1, 2, 3), N (1, -1, 2) e P (x, 2, 1).

5) Determinar x e y de modo que os vetores $\vec{u} = (2, 1, -2)$ e $\vec{v} = (8, x, y)$ sejam paralelos.

6) Determinar os valores de x e y, tal que $\vec{w} = x\vec{u} + y\vec{v}$, sendo $\vec{u} = (1, 2, 5)$, $\vec{v} = (-1, 2, 2)$ e $\vec{w} = (-1, 2, 1)$.

7) Dados os pontos M (-1, 2, 3), N (1, 3, 0) e P (2, -2, 4), determinar os unitários das direções dos vetores $\vec{MN}$, $\vec{MP}$ e $\vec{NP}$.

IMAGENS DO CAPÍTULO

© "Chernova123" | Dreamstime.com – Bridge Construction in Kiev Photo.
© "Dome" | FreeImages.com – por Lisa Wilding.
© "Engenhão" | Gustavo César de Assis Medeiros – foto.
Desenhos, gráficos e tabelas cedidos pelo autor do capítulo.

2 Produto de vetores

UBIRATAN DE CARVALHO OLIVEIRA

2 Produto de vetores

2.1 Produto escalar

O produto escalar ou produto interno de dois vetores $\vec{u}$ e $\vec{v}$ é um escalar, e sua representação é feita por $\vec{u}.\vec{v}$, lê-se "$\vec{u}$ escalar $\vec{v}$".

Seu valor é definido por:

$$\vec{u}.\vec{v} = u.v.\cos \emptyset$$

onde u e v são os módulos dos vetores $\vec{u}$ e $\vec{v}$, respectivamente, e $\emptyset$ é o ângulo entre os vetores.

2.2 Interpretação geométrica do produto escalar

Sejam dois vetores $\vec{u}$ e $\vec{\lambda}$, sendo $\vec{\lambda}$ unitário e $\emptyset$ o ângulo entre eles. Seu produto escalar, então, é definido por:

$$\vec{u}.\vec{\lambda} = u.\lambda.\cos \emptyset$$

Como $\vec{\lambda}$ é unitário, seu módulo vale 1, logo:

$\vec{u}.\vec{\lambda} = u.1.\cos \emptyset = u.\cos \emptyset$

Sua representação na figura abaixo:

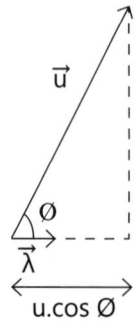

Figura 2.1 Interpretação geométrica do produto escalar

Pela figura, vê-se que o produto escalar, quando feito com um dos vetores sendo unitário, representa a projeção de um vetor na direção do unitário.

2.3 Produto escalar dos unitários das direções dos eixos cartesianos

Sejam os vetores unitários $\vec{i}$, $\vec{j}$ e $\vec{k}$, das direções cartesianas x, y e z, respectivamente. Então, seus produtos escalares são:

$\vec{i}.\vec{i} = 1.1.\cos 0° = 1 = \vec{j}.\vec{j} = \vec{k}.\vec{k}$

$\vec{i}.\vec{i} = 1.1.\cos 90° = 0 = \vec{j}.\vec{i} = \vec{i} = \vec{k} = \vec{k}.\vec{i} = \vec{j}.\vec{k} = \vec{k}.\vec{j}$

RESUMO

O produto escalar de vetores unitários iguais vale 1 e o produto escalar de vetores unitários diferentes vale zero.

2.4 Produto escalar dadas as coordenadas dos vetores

Sejam dois vetores $\vec{u}$ e $\vec{v}$ de coordenadas:

$\vec{u} = u_x\vec{i} + u_y\vec{j} + u_z\vec{k}$

e

$\vec{v} = v_x\vec{i} + v_y\vec{j} + v_z\vec{k}$

então:

$\vec{u}.\vec{v} = u_x.v_x\vec{i}.\vec{i} + u_x.v_y\vec{i}.\vec{j} + u_x.v_z\vec{i}.\vec{k} + u_y.v_x\vec{j}.\vec{i} + u_y.v_y\vec{j}.\vec{j} + u_y.v_z\vec{j}.\vec{k} + u_z.v_x\vec{k}.\vec{i} + u_z.v_y\vec{k}.\vec{j} + u_z.v_z\vec{k}.\vec{k}$

$\vec{u}.\vec{v} = u_x.v_x + u_y.v_y + u_z.v_z$

EXERCÍCIO RESOLVIDO

1) Dados os vetores abaixo, determine os produtos escalares pedidos:

$\vec{u} = (1, 2, -1)$, $\vec{v} = (1, 0, -3)$ e $\vec{w} = (0, -2, -3)$

a) $\vec{u}.\vec{v}$
b) $\vec{u}.\vec{w}$
c) $\vec{v}.\vec{w}$

Solução
a) $\vec{u}.\vec{v}$ = 1.1 + 2.0 + (–1).(–3) = 1 + 0 + 3 = 4
b) $\vec{u}.\vec{w}$ = 1.0 + 2.(–2) + (–1).(–3) = 0 – 4 + 3 = –1
c) $\vec{v}.\vec{w}$ = 1.0 + 0.(–2) + (–3).(–3) = 0 + 0 + 9 = 9

2.5 Ângulo entre vetores

Seja Ø o ângulo entre dois vetores $\vec{u}$ e $\vec{v}$. Sua determinação é feita pelo produto escalar entre eles. Assim:

$$\vec{u}.\vec{v} = u.v.\cos Ø$$

$$\cos Ø = \frac{\vec{u}.\vec{v}}{u.v}$$

Se o produto escalar for positivo, então 0° ≤ Ø < 90°, ou seja, Ø é agudo ou nulo.

Se o produto escalar for negativo, então 90° < Ø ≤ 180°, ou seja, Ø é obtuso ou raso.

Se o produto escalar for nulo, então Ø = 90°, ou seja, os vetores são ortogonais entre si.

2.6 Condição de ortogonalidade entre vetores

Tendo em vista a definição de produto escalar entre dois vetores, pode-se afirmar que dois vetores são ortogonais entre si se, e somente se, seu produto escalar é nulo.

$$\vec{u}.\vec{v} = 0$$

EXERCÍCIOS RESOLVIDOS

2) Dados os vetores abaixo:

$\vec{u} = (-1, 1, -1)$, $\vec{v} = (1, 2, -3)$ e $\vec{w} = (0, 2, -2)$

Determine os ângulos entre:

a) $\vec{u}$ e $\vec{v}$

b) $\vec{u}$ e $\vec{w}$

c) $\vec{v}$ e $\vec{w}$

Solução

a) $\cos \emptyset = \dfrac{\vec{u}.\vec{v}}{u.v}$, $\vec{u}.\vec{v} = (-1).1 + 1.2 + (-1).(-3) = -1 + 2 + 3 = 4$

$u = \sqrt{(-1)^2 + 1^2 + (-1)^2} = \sqrt{3}$

$v = \sqrt{1^2 + 2^2 + (-3)^2} = \sqrt{14}$

$\cos \emptyset = \dfrac{4}{\sqrt{3}.\sqrt{14}} = \dfrac{4}{\sqrt{42}} = \dfrac{2\sqrt{42}}{21}$

$\emptyset = \arccos\left(\dfrac{2\sqrt{42}}{21}\right)$

b) $\cos \emptyset = \dfrac{\vec{u}.\vec{w}}{u.w}$, $\vec{u}.\vec{w} = (-1).0 + 1.2 + (-1).(-2) = 0 + 2 + 2 = 4$

$u = \sqrt{(-1)^2 + 1^2 + (-1)^2} = \sqrt{3}$

$w = \sqrt{0^2 + 2^2 + (-2)^2} = \sqrt{8} = 2\sqrt{2}$

$\cos \emptyset = \dfrac{4}{\sqrt{3}.2\sqrt{2}} = \dfrac{2}{\sqrt{6}} = \dfrac{\sqrt{6}}{3}$

$\emptyset = \arccos\left(\dfrac{\sqrt{6}}{3}\right)$

c) $\cos \emptyset = \dfrac{\vec{v}.\vec{w}}{v.w}$, $\vec{v}.\vec{w} = 1.0 + 2.2 + (-3).(-2) = 0 + 4 + 6 = 10$

$v = \sqrt{1^2 + 2^2 + (-3)^2} = \sqrt{14}$

$w = \sqrt{0^2 + 2^2 + (-2)^2} = \sqrt{8} = 2\sqrt{2}$

$$\cos \emptyset = \frac{10}{\sqrt{14} \cdot 2\sqrt{2}} = \frac{5}{\sqrt{28}} = \frac{5\sqrt{7}}{14}$$

$$\emptyset = \arccos\left(\frac{5\sqrt{7}}{14}\right)$$

3) Se os vetores $\vec{u}$ e $\vec{v}$ formam entre si um ângulo de 45° e suas coordenadas são $\vec{u}$ = (2, −1, 5) e $\vec{v}$ = (−1, 2, n), calcule n.

Solução

Como $\cos \emptyset = \dfrac{\vec{u}.\vec{v}}{u.v}$, e $\emptyset = 45°$, então $\cos \emptyset = \dfrac{\sqrt{2}}{2}$

$\vec{u}.\vec{v} = 2.(-1) + (-1).2 + 5.n = -2 - 2 + 5n = -4 + 5n$

$u = \sqrt{2^2 + (-1)^2 + 5^2} = \sqrt{30}$

$v = \sqrt{(-1)^2 + 2^2 + n^2} = \sqrt{5+n^2}$

$$\frac{\sqrt{2}}{2} = \frac{-4+5n}{\sqrt{30} \cdot \sqrt{5+n^2}}$$

$$\left(\frac{\sqrt{2}}{2}\right)^2 = \left(\frac{-4+5n}{\sqrt{30} \cdot \sqrt{5+n^2}}\right)^2$$

$$\frac{1}{2} = \frac{16 - 40n + 25n^2}{30(5+n^2)}$$

$150 + 30n^2 = 32 - 80n + 50n^2$

$20n^2 - 80n - 118 = 0$

$n = \dfrac{10 \pm \sqrt{235}}{5}$

4) Se os vértices de um triângulo são os pontos A (1, −1, 1), B (0, 1, 2) e C (1, 1, 0), determine o ângulo $\hat{B}$.

Solução

Para determinarmos o ângulo $\hat{B}$ vê-se pela figura que:

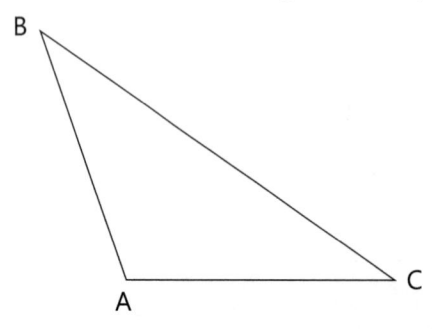

$$\cos \hat{B} = \frac{\vec{BA}.\vec{BC}}{BA.BC}$$

$\vec{BA} = (1, -2, -1)$

$\vec{BC} = (1, 0, -2)$

$\vec{BA}.\vec{BC} = 1.1 + (-2).0 + (-1).(-2) = 1 + 0 + 2 = 3$

$BA = \sqrt{1^2 + (-2)^2 + (-1)^2} = \sqrt{6}$

$BC = \sqrt{1^2 + 0^2 + (-2)^2} = \sqrt{5}$

$\cos \hat{B} = \dfrac{3}{\sqrt{6}.\sqrt{5}} = \dfrac{3}{\sqrt{30}} = \dfrac{\sqrt{30}}{10}$

$\hat{B} = \arccos \dfrac{\sqrt{30}}{10}$

2.7 Cossenos diretores de um vetor

Os cossenos diretores são os cossenos dos ângulos diretores. Ângulos diretores são os ângulos α, β e γ, que um vetor faz com os unitários $\vec{i}$, $\vec{j}$ e $\vec{k}$, respectivamente.

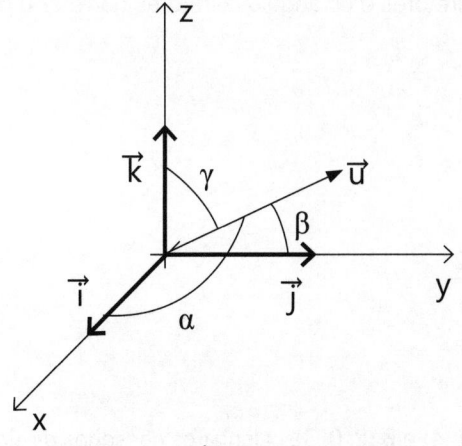

Figura 2.2 Ângulos diretores

Então:

$$\cos \alpha = \frac{\vec{u}.\vec{i}}{u.i} = \frac{(u_x, u_y, u_z).(1, 0, 0)}{u.1} = \frac{u_x}{u}$$

$$\cos \beta = \frac{\vec{u}.\vec{j}}{u.j} = \frac{(u_x, u_y, u_z).(0, 1, 0)}{u.1} = \frac{u_y}{u}$$

$$\cos \gamma = \frac{\vec{u}.\vec{k}}{u.k} = \frac{(u_x, u_y, u_z).(0, 0, 1)}{u.1} = \frac{u_z}{u}$$

Seja um vetor $\vec{u} = (u_x, u_y, u_z)$. Seja $\vec{\lambda}$ o unitário da sua direção. Então:

$$\vec{\lambda} = \frac{\vec{u}}{u} = \frac{(u_x, u_y, u_z)}{u} = \left(\frac{u_x}{u}, \frac{u_y}{u}, \frac{u_z}{u}\right) = (\cos \alpha, \cos \beta, \cos \gamma)$$

Como $\vec{\lambda}$ é unitário, $\lambda = 1$, então:

$$\sqrt{(\cos \alpha)^2 + (\cos \beta)^2 + (\cos \gamma)^2} = 1$$

ou

$$(\cos \alpha)^2 + (\cos \beta)^2 + (\cos \gamma)^2 = 1$$

Isto é, a soma dos quadrados dos cossenos diretores de um vetor é igual a 1.

EXERCÍCIOS RESOLVIDOS

5) Calcular os cossenos diretores e os ângulos diretores do vetor $\vec{u} = (1, -2, 2)$.

Solução

$u = \sqrt{1^2 + (-2)^2 + 2^2} = 3$

$\cos \alpha = \frac{1}{3} \therefore \alpha = \arccos \frac{1}{3}$

$\cos \beta = \frac{-2}{3} \therefore \beta = \arccos \frac{-2}{3}$

$\cos \gamma = \frac{2}{3} \therefore \gamma = \arccos \frac{2}{3}$

6) Dados os pontos A (1, 1, 4) e B (2, 0, 3), calcular os cossenos diretores e os ângulos diretores do vetor $\vec{AB}$.

Solução

$\vec{AB} = (2 - 1, 0 - 1, 3 - 4) = (1, -1, -1)$

$AB = \sqrt{1^2 + (-1)^2 + (-1)^2} = \sqrt{3}$

$$\cos \alpha = \frac{1}{\sqrt{3}} = \frac{\sqrt{3}}{3} \therefore \alpha = \text{arc cos } \frac{\sqrt{3}}{3}$$

$$\cos \beta = \frac{-1}{\sqrt{3}} = \frac{-\sqrt{3}}{3} \therefore \beta = \text{arc cos } \frac{-\sqrt{3}}{3}$$

$$\cos \gamma = \frac{-1}{\sqrt{3}} = \frac{-\sqrt{3}}{3} \therefore \gamma = \text{arc cos } \frac{-\sqrt{3}}{3}$$

2.8 Projeção de um vetor na direção de outro vetor

Sejam dois vetores $\vec{u}$ e $\vec{v}$. Para determinar o vetor projeção do vetor $\vec{u}$ na direção do vetor $\vec{v}$, inicialmente deve-se calcular o módulo desse vetor, fazendo o produto escalar do vetor $\vec{u}$ com o vetor direção do vetor $\vec{v}$, isto é, com seu unitário. Portanto:

$$|\text{proj}_{\vec{v}}\vec{u}| = \vec{u} \cdot \frac{\vec{v}}{v}$$

Uma vez calculado o módulo da projeção, para se determinar o vetor projeção, deve-se multiplicar este módulo pelo unitário dessa direção. Logo:

$$\text{proj}_{\vec{v}}\vec{u} = |\text{proj}_{\vec{v}}\vec{u}| \cdot \frac{\vec{v}}{v} = \left(\vec{u} \cdot \frac{\vec{v}}{v}\right) \cdot \frac{\vec{v}}{v}$$

$$\text{proj}_{\vec{v}}\vec{u} = \left(\frac{\vec{u} \cdot \vec{v}}{\vec{v} \cdot \vec{v}}\right) \cdot \vec{v}$$

EXERCÍCIO RESOLVIDO

7) Determinar o vetor projeção do vetor $\vec{u} = (1, 2, 2)$ sobre o vetor $\vec{v} = (2, -1, 1)$.

Solução

$$\text{proj}_{\vec{v}}\vec{u} = \left(\frac{\vec{u} \cdot \vec{v}}{\vec{v} \cdot \vec{v}}\right) \cdot \vec{v}$$

$\vec{u} \cdot \vec{v} = 1.2 + 2.(-1) + 2.1 = 2$

$\vec{v} \cdot \vec{v} = 2.2 + (-1).(-1) + 1.1 = 6$

$$\text{proj}_{\vec{v}}\vec{u} = \left(\frac{\vec{u} \cdot \vec{v}}{\vec{v} \cdot \vec{v}}\right) \cdot \vec{v} = \left(\frac{2}{6}\right) \cdot (2, -1, 1) = \left(\frac{2}{3}, -\frac{1}{3}, \frac{1}{3}\right)$$

2.9 Produto vetorial

Dados dois vetores $\vec{u} = u_x\vec{i} + u_y\vec{j} + u_z\vec{k}$ e $\vec{v} = v_x\vec{i} + v_y\vec{j} + v_z\vec{k}$, o produto vetorial de $\vec{u}$ e $\vec{v}$, escrito por $\vec{u} \times \vec{v}$, lê-se "$\vec{u}$ vetorial $\vec{v}$", é um vetor, cujo módulo é definido por:

$$|\vec{u} \times \vec{v}| = u.v.\text{sen}\,\emptyset$$

Onde $\emptyset$ é o ângulo entre os vetores.

Como o produto vetorial é um vetor, necessita de um módulo, direção e sentido. Seu módulo é definido como acima; sua direção é sempre perpendicular aos dois vetores; seu sentido é definido pela regra da mão direita.

A regra da mão direita para a determinação do sentido do produto vetorial é realizada espalmando-se a mão direita, com os dedos unidos na direção do primeiro vetor, em seguida fechando-se a mão na direção do segundo vetor, pelo menor dos ângulos formados entre eles. O polegar indicará o sentido do produto vetorial. Tendo em vista que os vetores estão no plano, existe uma simbologia que define o vetor perpendicular ao plano, assim definida:

⊙ vetor saindo do plano

⊗ vetor entrando no plano

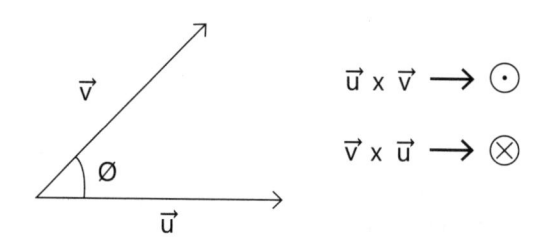

Figura 2.3 Sentidos dos produtos vetoriais entre os vetores $\vec{u}$ e $\vec{v}$

2.10 Interpretação geométrica do produto vetorial de dois vetores

Partindo da definição do módulo do produto vetorial de dois vetores $\vec{u}$ e $\vec{v}$:

$$|\vec{u} \times \vec{v}| = u.v.\text{sen}\,\emptyset$$

Vê-se, pela figura abaixo, que v.sen Ø é a altura do paralelogramo formado pelos dois vetores.

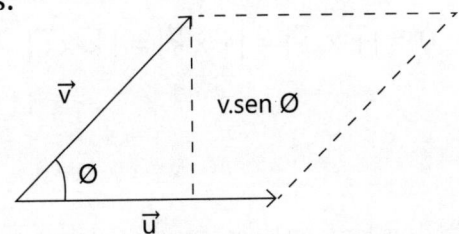

Figura 2.4 Interpretação geométrica do produto vetorial

O produto desta altura pelo módulo do vetor $\vec{u}$ resulta na área do paralelogramo formado pelos vetores $\vec{u}$ e $\vec{v}$. Portanto:

$$\text{Área do paralelogramo} = |\vec{u} \times \vec{v}|$$

2.11 Colinearidade de vetores

Dois vetores são colineares se seu produto vetorial é nulo, isto é, eles não formam paralelogramo. Ou seja, a área do paralelogramo formado é nula.

Como eles são colineares, o ângulo entre eles é nulo. Logo:

$A = |\vec{u} \times \vec{v}| = u.v.\text{sen } \emptyset = u.v.\text{sen } 0° = 0$

Se o vetor $\vec{u}$ é colinear ao vetor $\vec{v}$, então:

$$\vec{u} = t\vec{v}$$

ou seja,

$(u_x, u_y, u_z) = t.(v_x, v_y, v_z)$

$(u_x, u_y, u_z) = (t.v_x, t.v_y, t.v_z)$

2.12 Produto vetorial dos unitários das direções dos eixos cartesianos

Sejam os vetores unitários $\vec{i}, \vec{j}$ e $\vec{k}$ das direções cartesianas x, y e z, respectivamente. Então, os módulos dos seus produtos vetoriais são:

$|\vec{i} \times \vec{i}| = 1.1.\text{sen } 0° = 0 = |\vec{j} \times \vec{j}| = |\vec{k} \times \vec{k}|$

$|\vec{i} \times \vec{j}| = 1.1.\text{sen } 90° = 0 = |\vec{j} \times \vec{i}| = |\vec{i} \times \vec{k}| = |\vec{k} \times \vec{i}| = |\vec{j} \times \vec{k}| = |\vec{k} \times \vec{j}|$

RESUMO

O módulo do produto vetorial de vetores unitários iguais vale zero, e o módulo do produto vetorial de vetores unitários diferentes vale um, e, dessa forma, é um vetor unitário. Como a direção do produto vetorial é perpendicular aos dois vetores e, sendo ele é unitário, o produto vetorial de dois unitários é o terceiro unitário da direção dos eixos, restando apenas definir se positivo ou negativo. Sejam os unitários dos eixos cartesianos na figura abaixo:

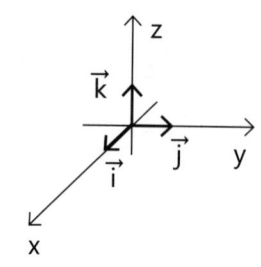

Figura 2.5 Unitários das direções dos eixos cartesianos

Utilizando-se a regra da mão direita, vê-se que:

$$\begin{cases} \vec{i} \times \vec{j} = \vec{k}, \ \vec{j} \times \vec{i} = -\vec{k} \\ \vec{i} \times \vec{k} = -\vec{j}, \ \vec{k} \times \vec{i} = \vec{j} \\ \vec{j} \times \vec{k} = \vec{i}, \ \vec{k} \times \vec{j} = -\vec{i} \end{cases}$$

2.13 Produto vetorial dadas as coordenadas dos vetores

Sejam dois vetores $\vec{u}$ e $\vec{v}$ de coordenadas:

$\vec{u} = u_x\vec{i} + u_y\vec{j} + u_z\vec{k}$
e
$\vec{v} = v_x\vec{i} + v_y\vec{j} + v_z\vec{k}$

então:
$\vec{u} \times \vec{v} = u_x.v_x\vec{i} \times \vec{i} + u_x.v_y\vec{i} \times \vec{j} + u_x.v_z\vec{i} \times \vec{k} + u_y.v_x\vec{j} \times \vec{i} + u_y.v_y\vec{j} \times \vec{j} + u_y.v_z\vec{j} \times \vec{k} + u_z.v_x\vec{k} \times \vec{i} + u_z.u_y\vec{k} \times \vec{j} + u_z.v_z\vec{k} \times \vec{k}$

Como

$$\vec{i} \times \vec{i} = \vec{j} \times \vec{j} = \vec{k} \times \vec{k} = 0 \text{ e}$$

$$\begin{cases} \vec{i} \times \vec{j} = \vec{k}, \; \vec{j} \times \vec{i} = -\vec{k} \\ \vec{i} \times \vec{k} = -\vec{j}, \; \vec{k} \times \vec{i} = \vec{j} \\ \vec{j} \times \vec{k} = \vec{i}, \; \vec{k} \times \vec{j} = -\vec{i} \end{cases}$$

Então:

$$\vec{u} \times \vec{v} = u_x.v_x.0\,x + u_x.v_y.\vec{k} + u_x.v_z.(-\vec{j}) + u_y.v_x.(-\vec{k}) + u_y.v_y.0$$
$$+ u_y.v_z.\vec{i} + u_z.v_x.\vec{j} + u_z.v_y.(-\vec{i}) + u_z.v_z.0$$

$$\vec{u} \times \vec{v} = (u_y.v_z - u_z.v_y)\,\vec{i} + (u_z.v_x - u_x.v_z)\,\vec{j} + (u_x.v_y - u_y.v_x)\,\vec{k}$$

Tal modelo também é obtido na resolução de um determinante, em que na primeira linha ficam os unitários das direções dos eixos cartesianos; na segunda linha ficam as coordenadas do primeiro vetor, e na terceira linha, as coordenadas do segundo vetor.

Assim, tem-se:

$$\vec{u} \times \vec{v} = \begin{vmatrix} \vec{i} & \vec{j} & \vec{k} \\ u_x & u_y & u_z \\ v_x & v_y & v_z \end{vmatrix}$$

Ao se resolver o determinante, será definido o resultado do produto vetorial dos vetores $\vec{u}$ e $\vec{v}$, $\vec{u} \times \vec{v}$.

Uma forma de resolver é pelo método de Sarrus, para tal repetem-se as duas primeiras filas, somam-se os produtos dos números da diagonal principal e suas paralelas com os da diagonal secundária e suas paralelas, sendo estes últimos, diagonal secundária e suas paralelas, com o sinal trocado.

$$\vec{u} \times \vec{v} = \begin{vmatrix} \vec{i} & \vec{j} & \vec{k} \\ u_x & u_y & u_z \\ v_x & v_y & v_z \end{vmatrix} \begin{matrix} \vec{i} & \vec{j} \\ u_x & u_y \\ v_x & v_y \end{matrix}$$

$$- (u_y v_x \vec{k} + u_z v_y \vec{i} + u_x v_z \vec{j}) + u_y v_z \vec{i} + u_z v_x \vec{j} + u_x v_y \vec{k}$$

Separando por unitários:

$$\vec{u} \times \vec{v} = (u_y.v_z - u_z.v_y)\,\vec{i} + (u_z.v_x - u_x.v_z)\,\vec{j} + (u_x.v_y - u_y.v_x)\,\vec{k}$$

EXERCÍCIOS RESOLVIDOS

8) Dados os vetores $\vec{v} = (1, 0, 3)$ e $\vec{u} = (-1, 2, 1)$, calcular:

   a) $2\vec{u} \times (\vec{u} - \vec{v})$

   b) $(\vec{u} - \vec{v}) \times (\vec{u} + 3\vec{v})$

Solução

a) $2\vec{u} = (-2, 4, 2)$
   $\vec{u} - \vec{v} = (-2, 2, -2)$

$$2\vec{u} \times (\vec{u} - \vec{v}) = \begin{vmatrix} \vec{i} & \vec{j} & \vec{k} \\ -2 & 4 & 2 \\ -2 & 2 & -2 \end{vmatrix} \begin{matrix} \vec{i} & \vec{j} \\ -2 & 4 \\ -2 & 2 \end{matrix}$$

$= -[4.(-2)\vec{k} + 2.2\vec{i} + (-2).(-2)\vec{j}] + 4.(-2)\vec{i} + 2.(-2)\vec{j} + (-2).2\vec{k}$

$= -[(-8)\vec{k} + 4\vec{i} + 4\vec{j}] + (-8)\vec{i} + (-4)\vec{j} + (-4)\vec{k}$

$2u \times (\vec{u} - \vec{v}) = -12\vec{i} - 8\vec{j} + 4\vec{k}$

b) $\vec{u} - \vec{v} = (-2, 2, -2)$
   $\vec{u} + 3\vec{v} = (2, 2, 10)$

$$(\vec{u} - \vec{v}) \times (u + 3\vec{v}) = \begin{vmatrix} \vec{i} & \vec{j} & \vec{k} \\ -2 & 2 & -2 \\ 2 & 2 & 10 \end{vmatrix} \begin{matrix} \vec{i} & \vec{j} \\ -2 & 2 \\ 2 & 2 \end{matrix}$$

$= -[2.2\vec{k} + (-2).2\vec{i} + (-2).10\vec{j}] + 2.10\vec{i} + (-2).2\vec{j} + (-2).2\vec{k}$

$= -[4\vec{k} + (-4)\vec{i} + (-20)\vec{j}] + 20\vec{i} + (-4)\vec{j} + (-4)\vec{k}$

$(\vec{u} - \vec{v}) \times (u + 3\vec{v}) = 24\vec{i} + 16\vec{j} - 8\vec{k}$

9) Determinar um vetor unitário que seja simultaneamente ortogonal aos vetores $\vec{u} = (1, 0, 3)$ e $\vec{v} = (-1, 2, 1)$.

Solução

Um vetor que seja simultaneamente ortogonal a dois outros vetores é o produto vetorial entre eles. Como o problema pede um unitário, basta que se ache o unitário da direção do produto vetorial entre os vetores.

$$\vec{u} \times \vec{v} = \begin{vmatrix} \vec{i} & \vec{j} & \vec{k} \\ 1 & 0 & 3 \\ -1 & 2 & 1 \end{vmatrix} \begin{matrix} \vec{i} & \vec{j} \\ 1 & 0 \\ -1 & 2 \end{matrix}$$

$= -[0.(-1)\vec{k} + 3.2\vec{i} + 1.1\vec{j}] + 0.1\vec{i} + 3.(-1)\vec{j} + 1.2\vec{k}$

$= -[0\vec{k} + 6\vec{i} + 1\vec{j}] + 0\vec{i} + (-3)\vec{j} + 2\vec{k}$

$\vec{u} \times \vec{v} = -6\vec{i} + 4\vec{j} + 2\vec{k}$

$|\vec{u} \times \vec{v}| = \sqrt{(-6)^2 + (-4)^2 + 2^2} = \sqrt{56} = 2\sqrt{14}$

Seja λ este unitário. Então

$$\vec{\lambda} = \frac{\vec{u} \times \vec{v}}{|\vec{u} \times \vec{v}|} = \frac{(-6, -4, 2)}{2\sqrt{14}} = \left(-\frac{3\sqrt{14}}{14}, \frac{2\sqrt{14}}{14}, \frac{\sqrt{14}}{14}\right) =$$

$$= -\frac{3\sqrt{14}}{14}\vec{i} - \frac{2\sqrt{14}}{14}\vec{j} + \frac{\sqrt{14}}{14}\vec{k}$$

10) Dados os vetores $\vec{u} = (-1, 2, 0)$ e $\vec{v} = (1, 1, -1)$, calcular a área do paralelogramo determinado pelos vetores $2\vec{u}$ e $\vec{v} + \vec{u}$.

Solução

A área do paralelogramo é o módulo do produto vetorial dos vetores indicados.

Assim:

$2\vec{u} = (-2, 4, 0)$
$\vec{v} + \vec{u} = (0, 3, -1)$

$$2\vec{u} \times (\vec{u} \times \vec{v}) = \begin{vmatrix} \vec{i} & \vec{j} & \vec{k} \\ -2 & 4 & 0 \\ 0 & 3 & -1 \end{vmatrix} \begin{matrix} \vec{i} & \vec{j} \\ -2 & 4 \\ 0 & 3 \end{matrix}$$

$= -[4.0\vec{k} + 0.3\vec{i} + (-2).(-1)\vec{j}] + 4.(-1)\vec{i} + 0.0\vec{j} + (-2).3\vec{k}$

$= -[0\vec{k} + 0\vec{i} + 2\vec{j}] + (-4)\vec{i} + 0\vec{j} + (-6)\vec{k}$

$2\vec{u} \times (\vec{u} \times \vec{v}) = -4\vec{i} - 2\vec{j} - 6\vec{k}$

Área $= |2\vec{u} \times (\vec{u} \times \vec{v})| = \sqrt{(-4)^2 + (-2)^2 + (-6)^2} = \sqrt{56} = 2\sqrt{14}$

2.14 Produto misto

Dados três vetores $\vec{u}, \vec{v}$ e $\vec{w}$, define-se o produto misto dos vetores, nesta ordem, indicado por $(\vec{u}, \vec{v}, \vec{w})$, como sendo o escalar $\vec{u}.(\vec{v} \times \vec{w})$.

Sejam as coordenadas dos vetores, definidas por:

$$\vec{u} = u_x\vec{i} + u_y\vec{j} + u_z\vec{k}$$

$$\vec{v} = v_x\vec{i} + v_y\vec{j} + v_z\vec{k}$$

$$\vec{w} = w_x\vec{i} + w_y\vec{j} + w_z\vec{k}$$

Então:

$$\vec{v} \times \vec{w} = (v_y.w_z - v_z.w_y)\vec{i} + (v_z.w_x - v_x.w_z)\vec{j} + (v_x.w_y - v_y.w_x)\vec{k}$$

$$\vec{u}.(\vec{v} \times \vec{w}) = (u_x\vec{i} + u_y\vec{j} + u_z\vec{k}).(v_y.w_z - v_z.w_y)\vec{i} + (v_z.w_x - v_x.w_z)\vec{j} + (v_x.w_y - v_y.w_x)\vec{k}$$

$$\vec{u}.(\vec{v} \times \vec{w}) = u_x.v_y.w_z - u_x.v_z.w_y + u_y.v_z.w_x - u_y.v_x.w_z + u_z.v_x.w_y - u_z.v_y.w_x$$

Tal modelo também é obtido na resolução de um determinante, em que na primeira linha ficam as coordenadas do primeiro vetor; na segunda linha ficam as coordenadas do segundo vetor, e na terceira linha, as coordenadas do terceiro vetor.

Assim, tem-se:

$$\vec{u} \times (\vec{v} \times \vec{w}) = \begin{vmatrix} u_x & u_y & u_z \\ v_x & v_y & v_z \\ w_x & w_y & w_z \end{vmatrix} \begin{matrix} u_x & u_y \\ v_x & v_y \\ w_x & w_y \end{matrix}$$

$$= - u_z.v_y.w_x - u_x.v_z.w_y - u_y.v_x.w_z + u_x.v_y.w_z + u_y.v_z.w_x + u_z.v_x.w_y$$

Vê-se que o resultado do determinante coincide com o resultado do produto misto, tornando-se, então, um método prático de resolução do produto misto.

EXERCÍCIO RESOLVIDO

11) Calcular o produto misto dos vetores $\vec{u}$ = (1, 0, –2), $\vec{v}$ = (2, –1, 3) e $\vec{w}$ = (0, 1, –1).

Solução

$$\vec{u}.(\vec{v} \times \vec{w}) = \begin{vmatrix} 1 & 0 & -2 \\ 2 & -1 & 3 \\ 0 & 1 & -1 \end{vmatrix} \begin{matrix} 1 & 0 \\ 2 & -1 \\ 0 & 1 \end{matrix}$$

$$= - (-2).(-1).0 - 1.3.1 - 0.2.(-1) + 1.(-1).(-1) + 0.3.0 + (-2).2.1$$

$$= 0 - 3 - 0 + 1 + 0 - 4$$

$$\vec{u}.(\vec{v} \times \vec{w}) = -6$$

2.15 Interpretação geométrica do produto misto

Dados três vetores $\vec{u}, \vec{v}$ e $\vec{w}$, a interpretação geométrica do produto misto deles é igual, em módulo, ao volume do paralelepípedo cujas arestas são esses três vetores.

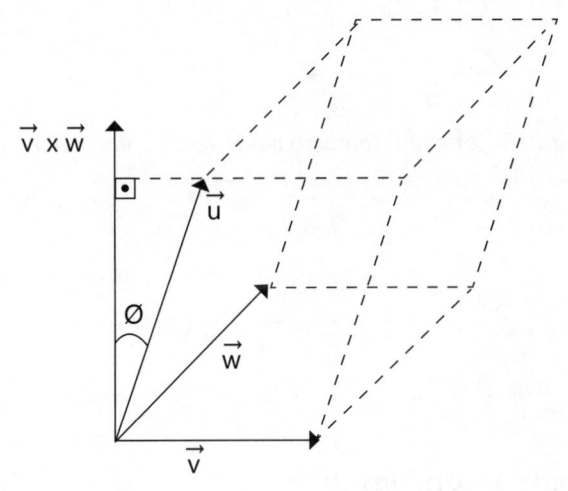

Figura 2.6 Paralelepípedo formado por três vetores não coplanares

Como a interpretação geométrica do módulo do produto vetorial é a área do paralelogramo formado pelos vetores, e como se vê pela figura anterior que o módulo da projeção do vetor $\vec{u}$ na direção perpendicular aos vetores $\vec{v}$ e $\vec{w}$ é a altura do paralelepípedo, o produto do módulo do produto vetorial por essa projeção é o volume do paralelepípedo. Assim:

$$V = |\vec{v} \times \vec{w}|.|\vec{u}||\cos \emptyset|$$

O cosseno do ângulo deve ser em módulo, pois ele poderá ser obtuso, e assim seu cosseno será negativo. Então:

$$V = |\vec{u}.(\vec{v} \times \vec{w})| = |(\vec{u}, \vec{v}, \vec{w})|$$

Outra interpretação geométrica que pode ser dada ao produto misto também envolve cálculo de volume de figuras geométricas espaciais. Como os paralelepípedos podem ser divididos em dois prismas triangulares iguais e cada prisma em três pirâmides ou tetraedos com base e altura equivalentes à base e à base e a altura do prisma, o volume de cada uma destas pirâmides é $\frac{1}{6}$ do volume do paralelepípedo.

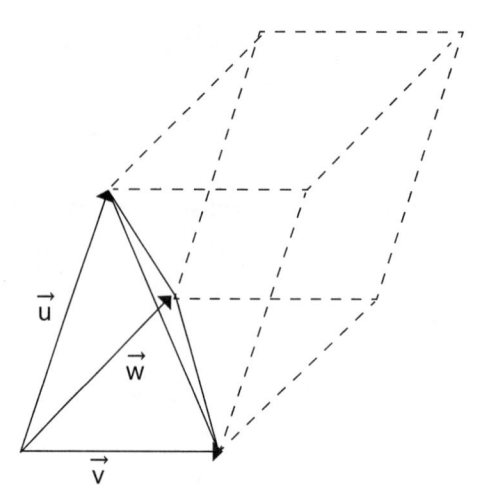

Figura 2.7 Tetraedro formado pelos vetores não coplanares

Assim:

$$V = \frac{1}{6} |(\vec{u}, \vec{v}, \vec{w})|$$

EXERCÍCIOS RESOLVIDOS

12) Calcular o volume do tetraedro cujos vértices são: A (1, 1, 2), B (0, 1, 3), C (1, 0, 1) e D (–1, –2, 0).

Solução

Primeiramente, deve-se determinar os vetores que comporão o tetraedro.

$\vec{AB} = (-1, 0, 1)$
$\vec{AC} = (0, -1, -1)$
$\vec{AD} = (-2, -3, -2)$

Como:

$$V = \frac{1}{6} |(\vec{AB}, \vec{AC}, \vec{AD})|$$

Então:

$$(\vec{AB}, \vec{AC}, \vec{AD}) = \begin{vmatrix} -1 & 0 & 1 \\ 0 & -1 & -1 \\ -2 & -3 & -2 \end{vmatrix} = -1$$

Portanto:

$$V = \frac{1}{6} |-1| = \frac{1}{6} \text{ u.v.}$$

(u.v. – unidades de volume)

13) Dados os vetores $\vec{u} = (-1, 0, 2)$, $\vec{v} = (2, x, -1)$ e $\vec{w} = (0, -1, -1)$, calcular o valor de x para que o volume do paralelepípedo determinado por $\vec{u}$, $\vec{v}$ e $\vec{w}$ seja 10 u.v.

Solução

Como o volume do paralelepípedo é:
$V = |(\vec{u}, \vec{v}, \vec{w})|$

e no problema
$|(\vec{u}, \vec{v}, \vec{w})| = 10$

Então:

$$|(\vec{u}, \vec{v}, \vec{w})| = \begin{vmatrix} -1 & 0 & 2 \\ 2 & x & -1 \\ 0 & -1 & -1 \end{vmatrix} = x - 3$$

Logo:
$|x - 3| = 10$

Então:
$x - 3 = 10$ ou $x - 3 = -10$

Portanto:
$x = 13$ ou $x = -7$

2.16 Coplanaridade

Se três vetores são coplanares, eles não formam figura espacial, logo não formam paralelepípedo e, portanto, o volume desta figura é zero. Assim sendo seu produto misto é nulo.

Assim, a condição para que três vetores sejam coplanares é que seu produto misto seja nulo.

Se $\vec{u}$, $\vec{v}$ e $\vec{w}$ são coplanares, $(\vec{u}, \vec{v}, \vec{w}) = 0$

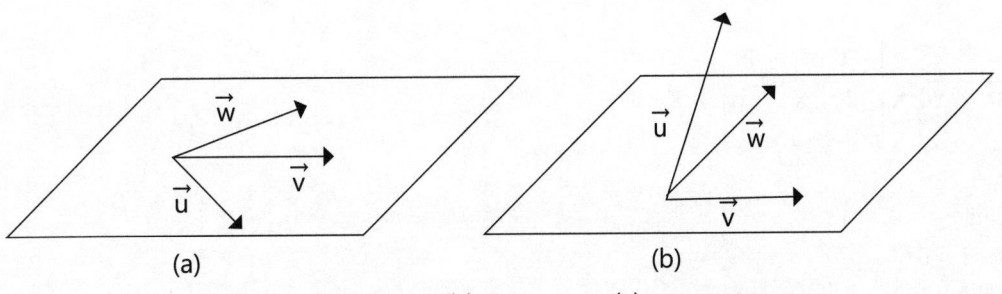

Figura 2.8 Três vetores (a) coplanares; (b) não coplanares

OBSERVAÇÕES

1) O produto misto também é nulo se um dos vetores for nulo, ou se dois dos vetores forem colineares, o que daria área da base nula.

2) O produto misto independe da ordem circular dos vetores, isto é:

$$(\vec{u}, \vec{v}, \vec{w}) = (\vec{v}, \vec{w}, \vec{u}) = (\vec{w}, \vec{u}, \vec{v})$$

Porém, ele muda de sinal quando há uma troca de posições de dois vetores consecutivos, isto é:

$$(\vec{u}, \vec{v}, \vec{w}) = (\vec{u}, \vec{w}, \vec{v})$$

Tais situações devem-se às propriedades dos determinantes quanto à troca de posições das suas linhas.

EXERCÍCIOS RESOLVIDOS

14) Verificar se os vetores $\vec{u} = (-1, 2, 5)$, $\vec{v} = (2, 0, -1)$ e $\vec{w} = (1, 1, 1)$ são coplanares.

Solução

Três vetores são coplanares se seu produto misto é nulo. Assim, deve-se determinar o produto misto dos vetores e verificar se é nulo. Portanto:

$$\vec{u}, \vec{v}, \vec{w} = \begin{vmatrix} -1 & 2 & 5 \\ 2 & 0 & -1 \\ 0 & 1 & 1 \end{vmatrix} = -3 \neq 0$$

Logo, os vetores não são coplanares.

15) Determinar o valor de x, para que os vetores $\vec{u} = (-1, 0, 2)$, $\vec{v} = (2, x, -1)$ e $\vec{w} = (0, -1, -1)$ sejam coplanares.

Solução

Para que três vetores sejam coplanares, seu produto misto deve ser nulo. Assim:

$$(\vec{u}, \vec{v}, \vec{w}) = \begin{vmatrix} -1 & 0 & 2 \\ 2 & x & -1 \\ 0 & -1 & -1 \end{vmatrix} = x - 3$$

Então:

x − 3 = 0

x = 3

16) Verificar se os pontos A (0, 1, –2), B (2, 1, –1), C (1, 1, –1) e D (0, 1, 0) estão situados num mesmo plano.

Solução

Esses pontos estarão situados num mesmo plano se os vetores formados por eles forem coplanares, ou seja:

$(\vec{AB}, \vec{AC}, \vec{AD}) = 0$
$\vec{AB} = (2, 0, 1)$
$\vec{AC} = (1, 0, 1)$
$\vec{AD} = (0, 0, -2)$

$(\vec{AB}, \vec{AC}, \vec{AD}) = \begin{vmatrix} 2 & 0 & 1 \\ 1 & 0 & 1 \\ 0 & 0 & -2 \end{vmatrix} = 0$

Logo, os pontos dados são coplanares.

EXERCÍCIO DE FIXAÇÃO

1) Dados os vetores $\vec{u} = (2, x, 2 - x)$, $\vec{v} = (x, 1 + x, 3)$ e $\vec{w} = (x, -1, 0)$, determinar x de modo que $\vec{u}.\vec{w} = (\vec{v} - \vec{w}).\vec{u}$.

2) Determinar x de modo que o vetor $\vec{u} = \left(x, \dfrac{1}{3}, \dfrac{\sqrt{2}}{3}\right)$ seja unitário.

3) Determinar x de modo que o módulo do vetor $\vec{u} = (x - 2)\vec{i}\ (x + 1)\vec{j} - 2\vec{k}$ seja igual a $\sqrt{40}$.

4) Seja o triângulo de vértices A (1, 2, 5), B (–1, 0, 3) e C (1, 1, 2), determinar o ângulo interno ao vértice A.

5) Sabendo que o ângulo entre os vetores $\vec{u} = (1, 2, -2)$ e $\vec{v} = (-1, x - 1, 3)$ é 60°, determinar x.

6) Determinar x de modo que os vetores $\vec{u} = (x, 5, 3)$ e $\vec{v} = (-1, x + 2, 5)$ sejam ortogonais.

7) Determinar um vetor unitário ortogonal ao vetor $\vec{u} = (1, -1, 3)$.

8) Dados os vetores $\vec{u} = (1, 2, -1)$, $\vec{v} = (0, 2, 1)$ e $\vec{w} = (2, -2, 3)$, calcular:

a) $\vec{u} \times \vec{v}$

b) $\vec{v} \times \vec{w}$

c) $(\vec{u} - \vec{v}) \times \vec{w}$

d) $(\vec{w} \times \vec{v}) . (\vec{w} \times \vec{u})$

9) Determinar um vetor simultaneamente ortogonal aos vetores $\vec{u} = (1, 2, 3)$ e $\vec{v} = (0, 1, 2)$.

10) Calcular a área do paralelogramo definido pelos vetores $\vec{u} = (1, 2, 5)$ e $\vec{v} = (2, -1, 3)$.

11) Verificar se os vetores $\vec{u} = (1, 2, 3)$, $\vec{v} = (2, 5, 3)$ e $\vec{w} = (-1, 2, -1)$ são coplanares.

12) Determinar o volume do paralelepípedo formado pelos vetores $\vec{u} = (2, 1, -2)$, $\vec{v} = (1, -2, 3)$ e $\vec{w} = (-1, 5, 3)$.

IMAGENS DO CAPÍTULO

Desenhos, gráficos e tabelas cedidos pelo autor do capítulo.

3 Retas

JÚLIO CÉSAR RODRIGUES JUNIOR

3 Retas

3.1 Equação vetorial da reta no R^2

Considere o plano cartesiano xy e dois pontos diferentes $P(x_p, y_p)$ e $Q(x_Q, y_Q)$ deste plano. Existe uma única reta r que passa por estes dois pontos, ou seja, existe um único vetor $\vec{PQ}$. Pode-se dizer, portanto, que existe uma única reta com a direção de $\vec{PQ}$ e que passa pelo ponto P. Geometricamente tem-se a situação descrita na figura 3.1.

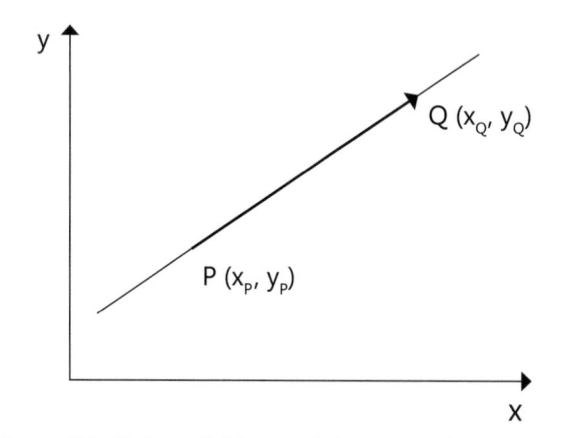

Figura 3.1 Reta definida por dois pontos distintos no R^2

Suponha um ponto A (x, y) ∈ $\vec{PQ}$, tal que $\vec{PA}$ = t.$\vec{PQ}$, sendo t um número real. Observe a figura 3.2.

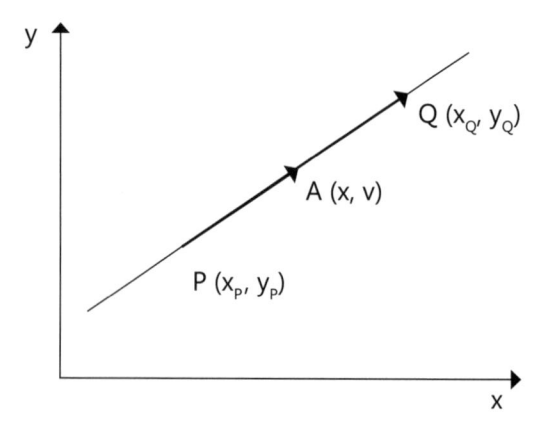

Figura 3.2 Vetores proporcionais no R^2

Como os vetores $\vec{PA}$ e $\vec{PQ}$ são proporcionais, pode-se escrever que:

$\vec{PA} = t.\vec{PQ}$
$A - P = t.(Q - P)$
$(x, y) - (x_P, y_P) = t.[(x_P - x_Q), (y_P - y_Q)]$
$(x, y) = (x_P, y_P) + t.[(x_P - x_Q), (y_P - y_Q)]$ ou $(x, y) = (x_P, y_P) + t.\vec{PQ}$ ($t \in \Re$)

A última expressão é a equação vetorial no R^2 da reta que passa pelo ponto P e tem a direção do vetor $\vec{PQ} = \vec{v}$.

EXERCÍCIOS RESOLVIDOS

1) Determinar a equação vetorial da reta no R^2 que passe pelo ponto P (1, 3) e tenha a direção do vetor $\vec{v} = (2, 4)$.

Solução
A equação geral da reta é dada por:
$(x, y) = (x_P, y_P) + t.\vec{PQ}$
Substituindo P e $\vec{PQ} = \vec{v}$, tem-se:
$(x, y) = (1, 3) + t.(2, 4)$

Note que para cada valor de **t** arbitrado tem-se um ponto desta reta. Assim:

- Para t = 0, (x, y) = (1, 3) + 0.(2, 4) → A = (x, y) = (1, 3)

- Para t = 1, (x, y) = (1, 3) + 1.(2, 4) → B = (x, y) = (3, 7)

- Para t = −1, (x, y) = (1, 3) − 1.(2, 4) → C = (x, y) = (−1, −1)

- Para t = 0,5, (x, y) = (1, 3) + 0,5.(2, 4) → D = (x, y) = (2, 5)

A figura 3.3 ilustra a substituição dos valores de **t** na equação geral da reta.

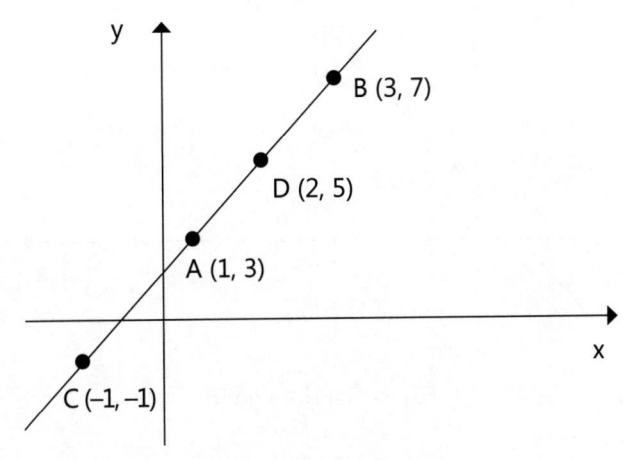

Figura 3.3 Reta no R^2

2) Determine a equação vetorial da reta no R^2 que passe pelos seguintes pontos distintos: P (2, 3) e Q = (3, 4).

Solução
A equação geral da reta é dada por:
$(x, y) = (x_p, y_p) + t.\vec{PQ}$

Inicialmente, deve-se determinar o vetor $\vec{PQ}$. Como, $\vec{PQ} = Q - P$, tem-se:

$\vec{PQ} = (3, 4) - (2, 3)$
$\vec{PQ} = (1, 1)$

Substituindo P e $\vec{PQ}$ na equação geral, tem-se:

$(x, y) = (x_p, y_p) + t.\vec{PQ}$
$(x, y) = (2, 3) + t.(1, 1)$

Note que, para cada valor de **t** arbitrado tem-se um ponto desta reta. Assim:

- Para t = 0, (x, y) = (2, 3) + 0.(1, 1) → A = (x, y) = (2, 3)

- Para t = 1, (x, y) = (2, 3) + 1.(1, 1) → B = (x, y) = (3, 4)

- Para t = −1, (x, y) = (2, 3) − 1.(1, 1) → C = (x, y) = (1, 2)

- Para t = 0,5, (x, y) = (2, 3) + 0,5.(1, 1) → D = (x, y) = (2,5; 3,5)

A figura 3.4 ilustra a substituição dos valores de **t** na equação geral da reta.

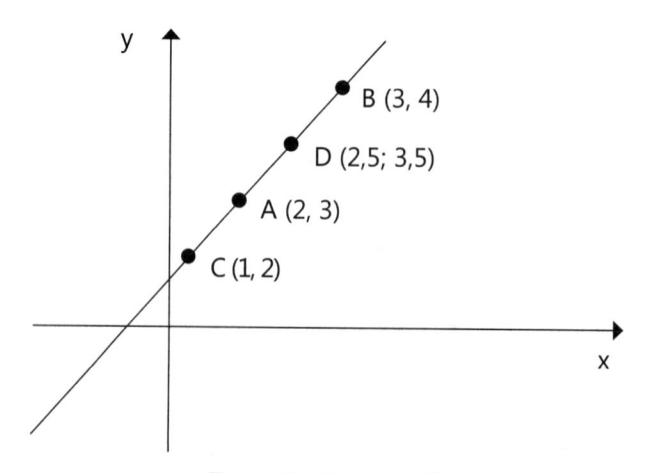

Figura 3.4 Reta no R^2

3.2 Equação vetorial da reta no R³

Da mesma maneira que foi analisada a reta r no R², pode-se fazer um estudo para o R³. Considere o plano xyz e dois pontos diferentes $P(x_P, y_P, z_P)$ e $Q(x_Q, y_Q, z_Q)$ deste plano. Existe uma única reta r que passa por estes dois pontos, ou seja, existe um único vetor $\vec{PQ}$. Assim, há uma única reta com a direção de $\vec{PQ}$ e que passa pelo ponto P. A descrição geométrica encontra-se na figura 3.5.

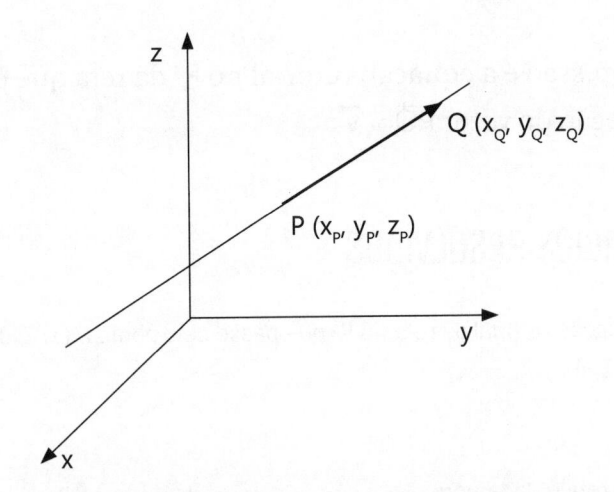

Figura 3.5 Reta definida por dois pontos distintos no R³

Na ilustração acima será tomado um ponto genérico A (x, y, z) pertencente à reta, tal que $\vec{PA} = t.\vec{Q}$, sendo t um número real, conforme ilustra a figura 3.6.

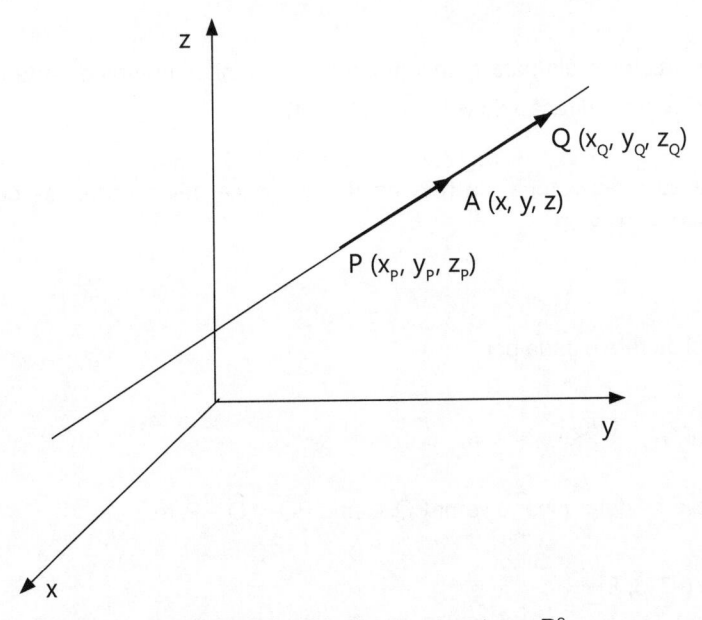

Figura 3.6 Vetores proporcionais no R³

Com base na ideia utilizada para demonstrar a equação vetorial da reta no R^2, pode-se partir do fato de os vetores $\vec{PA}$ e $\vec{PQ}$ serem proporcionais, ou seja:

$\vec{PA} = t.\vec{PQ}$

$A - P = t.(Q - P)$
$(x, y, z) - (x_P, y_P, z_P) = t.[(x_P - x_Q), (y_P - y_Q), (z_P - z_Q)]$
$(x, y, z) = (x_P, y_P, z_P) + t.[(x_P - x_Q), (y_P - y_Q), (z_P - z_Q)]$
$(x, y, z) = (x_P, y_P, z_P) + t.\vec{PQ}\ (t \in \Re)$

A última expressão é a equação vetorial no R^3 da reta que passa pelo ponto P e tem a direção do vetor $\vec{PQ} = \vec{v}$.

EXERCÍCIOS RESOLVIDOS

3) Determinar a equação vetorial da reta no R^3 que passe pelo ponto P (1, 2, 3) e tenha a direção do vetor $\vec{v} = (1, 2, 4)$.

Solução
A equação geral da reta é dada por:

$(x, y, z) = (x_P, y_P, z_P) + t.\vec{PQ}$

Substituindo P e $\vec{PQ} = \vec{v}$ tem-se:

$(x, y, z) = (1, 2, 3) + t.(1, 2, 4)$

Substituindo-se valores reais para t, encontram-se os infinitos pontos da reta que passa pelo ponto P (1, 2, 3) e tem a direção do vetor $\vec{v} = (1, 2, 4)$.

4) Determine a equação vetorial da reta no R^3 que passe pelos seguintes pontos distintos: P (–2, 3, 5) e Q = (1, 3, 4).

Solução
A equação geral da reta é dada por:

$(x, y, z) = (x_P, y_P, z_P) + t.\vec{PQ}$

Inicialmente, deve-se determinar o vetor $\vec{PQ}$. Como $\vec{PQ} = Q - P$, tem-se:

$\vec{PQ} = (1, 3, 4) - (-2, 3, 5)$
$\vec{PQ} = (3, 0, -1)$

Substituindo um dos dois pontos, por exemplo, P e o vetor $\vec{PQ} = \vec{v}$, tem-se:

$(x, y, z) = (-2, 3, 5) + t.(3, 0, -1)$

Mais uma vez, é possível perceber que, ao se substituir valores reais para t na equação, são encontrados os infinitos pontos da reta que passam pelo ponto P $(-2, 3, 5)$ e têm a direção do vetor $\vec{v} = (3, 0, -1)$.

OBSERVAÇÃO

É importante ressaltar que a equação vetorial da reta, tanto no R^2 como no R^3, não é única. É fácil verificar que se pode tomar qualquer ponto pertencente à reta e um vetor múltiplo de $\vec{PQ}$. No último exemplo, pode-se tomar como ponto o Q. Assim, a equação da reta será dada por:

$(x, y, z) = (1, 3, 4) + t.(3, 0, -1)$

Observe que, para a equação da reta dada por $(x, y, z) = (-2, 3, 5) + t.(3, 0, -1)$, ao se substituir t = 1, o ponto determinado é (1, 3, 4). Já para a equação da mesma reta $(x, y, z) = (1, 3, 4) + t.(3, 0, -1)$, para t = 0, o ponto determinado é o mesmo, ou seja, (1, 3, 4). Fica patente, portanto, que as duas equações representam a mesma reta no R^3.

ATENÇÃO

É fácil perceber que o estudo da reta pode ser realizado tomando-se o R^3, e, quando z = 0, tem-se o caso particular da reta no R^2. Assim, teremos:

$(x, y) = (1, 3) + t.(3, -1)$

Esta reta do R^2 passa pelo ponto (1, 3) e tem direção do vetor $\vec{v} = (3, -1)$

3.3 Equações paramétricas da reta no R^3

Suponha uma variável real t, denominada parâmetro, e a equação vetorial da reta. É possível escrever as variáveis x, y e z em função deste parâmetro t, isto é, x(t), y(t) e z(t). Este conjunto de equações recebe o nome de equações paramétricas da reta.

Considere a reta que passe pelo ponto P (x_p, y_p, z_p) e seja paralela (mesma direção) ao vetor $\vec{v}$ = (a, b, c). De acordo com o item 3.2, esta reta é dada por:

$(x, y, z) = (x_p, y_p, z_p) + t.\vec{v}$

$(x, y, z) = (x_p, y_p, z_p) + t.(a, b, c)$

$(x, y, z) - (x_p, y_p, z_p) = t.(a, b, c)$

$(x - x_p, y - y_p, z - z_p) = (t.a, t.b, t.c)$

Da igualdade desses dois vetores, é possível escrever que:

$$\begin{cases} x - x_p = t.a \\ y - y_p = t.b \\ z - z_p = t.c \end{cases}$$

$$\begin{cases} x = x_p + t.a \\ y = y_p + t.b \\ z = z_p + t.c \end{cases}, t \in \Re$$

As equações acima são denominadas paramétricas da reta no R^3.

EXERCÍCIOS RESOLVIDOS

5) Determinar as equações paramétricas da reta r que passam pelo ponto P (1, 2, 3) e que tenham a direção do vetor $\vec{v}$ = (1, 2, 4).

Solução

As equações paramétricas da reta r são dadas por:

$$\begin{cases} x = x_p + t.a \\ y = y_p + t.b \\ z = z_p + t.c \end{cases}, t \to \Re$$

Substituindo P (x_p, y_p, z_p) e $\vec{v}$ = (a, b, c) pelos valores apresentados, isto é, P (1, 2, 3) e $\vec{v}$ = (1, 2, 4), tem-se que a equação paramétrica da reta r é:

$$\begin{cases} x = 1 + t.1 \\ y = 2 + t.2 \\ z = 3 + t.4 \end{cases}, t \to \Re$$

6) Considere as equações paramétricas da reta no R^3 que passe pelo ponto P (1, 2, 3) e tenha a direção do vetor $\vec{v}$ = (1, 2, 4). Avaliar se os pontos A (0, 0, −1) e B (1, 4, 7) pertencem a esta reta.

Solução

As equações paramétricas desta reta foram determinadas no exemplo 5 e são dadas por:

$$\begin{cases} x = 1 + t.1 \\ y = 2 + t.2 \qquad t \in \Re \\ z = 3 + t.4 \end{cases}$$

Análise do ponto A (0, 0, −1); substituindo na equação paramétrica, temos que:

$0 = 1 + t. 1 \to -1 = t.1 \to t = -1$
$0 = 2 + t.2 \to -2 = t.2 \to t = -1$
$-1 = 3 + t.4 \to -1 - 3 = t.4 \to t = -1$

Assim, como existe um único valor de **t** que torna as equações acima verdadeiras, o ponto A pertence à reta r.

Análise do ponto B (1, 4, 7); substituindo na equação paramétrica temos que:

$1 = 1 + t. 1 \to 0 = t.1 \to t = 0$
$4 = 2 + t.2 \to 2 = t.2 \to t = 1$
$7 = 3 + t.4 \to 7 - 3 = t.4 \to t = 1$

Assim, como não existe um único valor de **t** que torna as equações acima verdadeiras, o ponto B **não** pertence à reta r.

7) Considere as equações paramétricas da reta no R^3 que passe pelo ponto P (1, 2, 3) e tenha a direção do vetor $\vec{v}$ = (1, 2, 4). Responda os itens a seguir.

a) Determine o ponto desta reta r, tal que t = 1.

b) Determine o ponto desta reta r, tal que a ordenada é 6.

c) Determine, caso exista, um ponto desta reta cuja cota é o triplo da abscissa e a ordenada é o dobro da abscissa.

d) Determine as equações paramétricas da reta que passa pelo ponto P e seja paralela ao eixo x.

e) Determine as equações paramétricas da reta que passa pelo ponto P e seja paralela ao eixo y.

f) Determine as equações paramétricas da reta que passa pelo ponto P e seja paralela ao eixo z.

Solução

a) Do exemplo anterior, as equações paramétricas da reta r são dadas por:

$$\begin{cases} x = 1 + t.1 \\ y = 2 + t.2 \\ z = 3 + t.4 \end{cases}, t \in \Re$$

b) Ordenada igual a 6, significa substituir y por 6 e determinar o valor de t associado.

$$y = 2 + 2t \rightarrow 6 = 2 + 2t \rightarrow 6 - 2 = 2t \rightarrow t = 2$$

Agora determinaremos a abscissa (x) e a cota (z), substituindo este valor de t.

$$x = 1 + 2.1 = 3 \quad e \quad z = 3 + 2.4 = 11$$

Assim, o ponto é (3, 6, 11).

c) Suponha o ponto W (m, 2m, 3m), cujas relações entre abscissa, ordenada e cota são as dadas no exemplo. Substituindo nas equações paramétricas da reta r, temos:

$$x = 1 + t.1 \rightarrow m = 1 + t$$

$$y = 2 + t.2 \rightarrow 2m = 2 + 2t$$

$$z = 3 + t.4 \rightarrow 3m = 3 + 4t$$

Substituindo m = 1 + t na segunda equação, temos que:

2.(1 + t) = 2 + 2t → 2 + 2t = 2 + 2t → 0 = 0. Assim, nesta equação, para qualquer t real é verdade que a ordenada é o dobro da abscissa.

Substituindo m = 1 + t na terceira equação, temos que:

3.(1 + t) = 3 + 4t → 3 + 3t = 3 + 4t → 0 = t. Assim, para esta equação, apenas se t = 0 será verdade que a cota é o triplo da abscissa.

Dessa forma, apenas t = 0 satisfaz as duas condições simultaneamente. Portanto:

$$x = 1 + t.1 \rightarrow x = 1 + 0.1 = 1$$

$$y = 2 + t.2 \rightarrow y = 2 + 2.0 = 2$$

$$z = 3 + t.4 \rightarrow z = 3 + 4.0 = 3$$

Ponto (1, 2, 3)

d) Para que a reta seja paralela ao eixo x, deve ser paralela ao vetor (1, 0, 0). Assim,

$$\begin{array}{lll} x = x_p + t.a & x = 1 + t.1 & x = 1 + t.1 \\ y = y_p + t.b \quad \rightarrow & y = 2 + t.0 \quad \rightarrow & y = 2 \\ z = z_p + t.c & x = 3 + t.0 & z = 3 \end{array}$$

e) Para que a reta seja paralela ao eixo y, deve ser paralela ao vetor (0, 1, 0). Assim,

$$\begin{array}{lll} x = x_p + t.a & x = 1 + t.0 & x = 1 \\ y = y_p + t.b \quad \rightarrow & y = 2 + t.1 \quad \rightarrow & y = 2 + t \\ z = z_p + t.c & x = 3 + t.0 & z = 3 \end{array}$$

f) Para que a reta seja paralela ao eixo z, deve ser paralela ao vetor (0, 0, 1). Assim,

$$\begin{array}{lll} x = x_p + t.a & x = 1 + t.0 & x = 1 \\ y = y_p + t.b \quad \rightarrow & y = 2 + t.0 \quad \rightarrow & y = 2 \\ z = z_p + t.c & x = 3 + t.1 & z = 3 + t \end{array}$$

8) Considere os pontos A (3, 2, 3) e B (1, 1, 5). Determinar as equações paramétricas da reta no R^3 que passe pelos pontos A e B.

Solução

A equação geral da reta r é dada por:

$$\begin{cases} x = x_p + t.a \\ y = y_p + t.b \quad , t \in \Re \\ z = z_p + t.c \end{cases}$$

Inicialmente, devemos encontrar o vetor $\vec{v} = \vec{AB}$, ou seja, $\vec{AB} = B - A$

$\vec{AB} = B - A = (1, 1, 5) - (3, 2, 3) = (-2, -1, 2)$

Substituindo P (x_p, y_p, z_p) por A (3, 2, 3)
Logo (a, b, c) = (–2, –1, 2) e (x_p, y_p, z_p) = (3, 2, 3)

Assim, tem-se que a equação paramétrica da reta r é:

$$\begin{cases} x = x_p + t.a \\ y = y_p + t.b \quad \rightarrow \\ z = z_p + t.c \end{cases} \quad \begin{cases} x = 3 + t.2 \\ y = 2 + t.1 \\ z = 3 + t.2 \end{cases}$$

3.4 Equações simétricas da reta no R^3

Suponha uma variável real t, denominada parâmetro, e as equações paramétricas da reta no R^3. É possível escrever a variável t em função das variáveis x, y e z. Observe as equações a seguir.

$$\begin{cases} x = x_p + t.a \\ y = y_p + t.b \\ z = z_p + t.c \end{cases}$$

$x - x_p = t.a \rightarrow t = \dfrac{x - x_p}{a}$

$y - y_p = t.b \rightarrow t = \dfrac{y - y_p}{b}$

$z - z_p = t.c \rightarrow t = \dfrac{z - z_p}{c}$

Supondo que a, b e c são reais não nulos, podemos escrever que:

$$\dfrac{x - x_p}{a} = \dfrac{y - y_p}{b} = \dfrac{z - z_p}{c}$$

As equações acima são ditas equações simétricas da reta r que passa pelo ponto P (x_p, y_p, z_p) com direção do vetor $\vec{v} = (a, b, c)$.

EXERCÍCIOS RESOLVIDOS

9) Determinar a equação simétrica da reta no R^3 que passe pelo ponto P (2, –3, 1) e tenha a direção do vetor $\vec{v}$ = (3, 1, 5).

Solução

As equações simétricas da reta r são dadas por:

$$\dfrac{x - x_p}{a} = \dfrac{y - y_p}{b} = \dfrac{z - z_p}{c}$$

P (x_p, y_p, z_p) = (2, –3, 1) e $\vec{v}$ = (a, b, c) = (3, 1, 5). Substituindo.

$$\dfrac{x - 2}{3} = \dfrac{y - (-3)}{1} = \dfrac{z - 1}{5}$$

$$\dfrac{x - 2}{3} = \dfrac{y + 3}{1} = \dfrac{z - 1}{5}$$

10) Considere a reta no R^3 que passe pelo ponto P (2, –3, 1) e tenha a direção do vetor $\vec{v}$ = (3, 1, 5). Determine o ponto desta reta que tem abscissa 5.

Solução

Do exemplo anterior, as equações simétricas da reta r são dadas por:

$$\frac{x-2}{3} = \frac{y+3}{1} = \frac{z-1}{5}$$

Substituindo x = 5 no conjunto de equações acima, temos:

$$\frac{5-2}{3} = \frac{y+3}{1} = \frac{z-1}{5}$$

$$\frac{3}{3} = \frac{y+3}{1} = \frac{z-1}{5}$$

$$1 = \frac{y+3}{1} = \frac{z-1}{5}$$

Assim

$$1 = \frac{y+3}{1}$$

$$1 = y + 3$$

$$y = 2$$

E também

$$1 = \frac{z-1}{5}$$

$$5 = z - 1$$

$$z = 6$$

Logo, o ponto é (5, 2, 6).

11) Considere a reta r no R^3 cujas equações simétricas são dadas por:

$$\frac{x-4}{3} = \frac{y+5}{1} = \frac{z+1}{4}$$

Responda os itens a seguir:
a) Determine o vetor direção desta reta r.
b) Encontre um ponto que pertença a esta reta.
c) Verifique se os pontos A (1, 4, −5) e B (10, 7, 9) pertencem à reta r.

Solução

a) As equações simétricas da reta r são dadas por:

$$\frac{x-x_p}{a} = \frac{y+y_p}{b} = \frac{z-z_p}{c}$$

Onde (a, b, c) é o vetor direção da reta.

Assim, para o exemplo:

$$\frac{x-4}{3} = \frac{y+5}{1} = \frac{z-1}{4}$$

O vetor direção é (3, 1, 4)

$$\frac{x-4}{3} = \frac{y-5}{1} = \frac{z+1}{4}$$

b) Basta igualar estas equações a um valor real, por exemplo, 1.

$$\frac{x-4}{3} = \frac{y-5}{1} = \frac{z+1}{4} = 1$$

Assim,

$$\frac{x-4}{3} = 1$$

x − 4 = 3
x = 7

Também

$$\frac{y-5}{1} = 1$$

y − 5 = 1
y = 6

e, finalmente,

$$\frac{z+1}{4} = 1$$

z + 1 = 4
z = 3

Ponto (7, 6, 3)

c) $\frac{x-4}{3} = \frac{y-5}{1} = \frac{z+1}{4}$

Ponto A (1, 4, −5)

Basta substituir nas equações simétricas da reta e verificar se as igualdades são ou não satisfeitas.

$$\frac{1-4}{3} = \frac{4-5}{1} = \frac{-5+1}{4}$$

$$\frac{-3}{3} = \frac{-1}{1} = \frac{-4}{4}$$

$-1 = -1 = -1$

Ponto A pertence à reta r.

Ponto B (10, 7, 9)

Basta substituir nas equações simétricas da reta e verificar se as igualdades são ou não satisfeitas.

$$\frac{10-4}{3} = \frac{7-5}{1} = \frac{9+1}{4}$$

$$\frac{6}{3} = \frac{2}{1} = \frac{10}{4}$$

$2 = 2 \neq 2,5$

Ponto B **não** pertence à reta r.

3.5 Equações reduzidas da reta no R^3

No item 3.4 foram apresentadas as equações da reta no R^3 que passa pelo ponto P (x_p, y_p, z_p) com direção do vetor $\vec{v} = (a, b, c)$, cuja representação genérica é dada por:

$$\frac{x - x_p}{a} = \frac{y - y_p}{b} = \frac{z - z_p}{c}$$

A partir das igualdades anteriores, é possível escrever y e z como funções de x, ou seja, y(x) e z(x). Estas funções são denominadas retas reduzidas da reta no R^3. Tomando-se como exemplo a reta cujas equações simétricas são:

$$\frac{x-4}{1} = \frac{y-5}{2} = \frac{z-1}{4}$$

Inicialmente, utiliza-se a primeira das igualdades e escreve-se y como função de x, ou seja,

$$\frac{x-4}{1} = \frac{y-5}{2}$$

$2x - 8 = y - 5$

$y = 2x - 3$

Para se determinar z como função de x, utiliza-se a seguinte igualdade:

$$\frac{x-4}{1} = \frac{z-1}{4}$$

$4x - 16 = z + 1$

$z = 4x - 17$

O conjunto de equações $\begin{cases} y = 2x - 3 \\ z = 4x - 17 \end{cases}$ é denominado retas reduzidas da reta r no R^3.

EXERCÍCIO RESOLVIDO

12) Considere $y = 4x - 11$ e $z = 3x + 1$ as equações reduzidas da reta r no R^3. Responda os itens a seguir.

a) Encontre o vetor direção desta reta.

b) Verifique se os pontos M (2, –3, 7) e N (3, 2, 10) pertencem à reta r.

Solução

a) Para determinar o vetor direção da reta r, basta encontrar dois pontos A e B pertencentes à reta e determinar o vetor $\vec{AB}$.

Tomando-se, por exemplo, x = 0, tem-se que y = 4.(0) – 11= –11 e z = 3.(0) + 1 = 1. Assim, o ponto A é (0, –11, 1)

Tomando-se, por exemplo, x = 1, tem-se que y = 4.(1) – 11= –7 e z = 3.(1) + 1 = 4. Assim, o ponto B é (1, –7, 4)

Assim, $\vec{AB}$ = B – A = (1, –7, 4) – (0, –11, 1) = (1, 4, 3)

b) Para verificar se um ponto pertence a uma reta escrita na forma reduzida, basta substituir o valor da abscissa (x) e conferir se ocorrem as coincidências dos valores da ordenada (y) e da cota (z).

Ponto M (2, –3, 7). Nesse caso, x = 2. Assim, y = 4.(2) – 11 = –3 e z = 3.(2) + 1 = 7.

Logo, o ponto M pertence à reta r.

Ponto N (3, 2, 10). Nesse caso, x = 3. Assim, y = 4.(3) – 11 = 1 e z = 3.(10) + 1 = 31.

Logo, o ponto N **não** pertence à reta r.

ATENÇÃO

Quando uma reta é paralela a um dos planos xOy, xOz ou yOz, uma de suas coordenadas – abscissa, ordenada ou cota – será constante. Assim, quando a equação da reta estiver escrita na forma paramétrica (item 3.3), esta coordenada não dependerá do parâmetro t.

A seguinte reta é paralela ao plano xOy.

$$\begin{cases} x = -1 + 2.t \\ y = 2 + 3.t \\ z = 4 \end{cases}$$

Note que a reta anterior passa pelo ponto A (–1, 2, 4) e tem direção do vetor $\vec{v}$ = (2, 3, 0). A figura 3.7 ilustra o descrito.

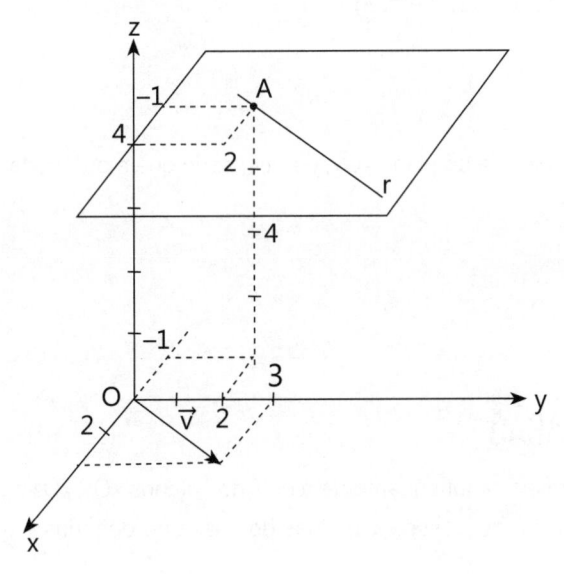

Figura 3.7 Reta paralela ao plano xOy.

Outra maneira de verificar quando uma reta é paralela a um dos planos xOy, xOz ou yOz é a observação de que uma das coordenadas do vetor direção é nula. Assim:

- Reta com direção (a, b, 0) é paralela a xOy.

- Reta com direção (a, 0, c) é paralela a xOz.

- Reta com direção (0, b, c) é paralela a yOz.

EXERCÍCIOS RESOLVIDOS

13) A reta r tem a direção do vetor $\vec{v} = (2, 3, m - 1)$ e passa por um ponto P (0, 3, –4). Determine o valor do escalar **m** a fim de que a reta r seja paralela ao plano xOy.

Solução

Para que a reta r seja paralela ao plano xOy, é necessário que a cota (z) do vetor $\vec{v}$ direção de r seja nula, ou seja:

$m - 1 = 0 \rightarrow m = 1$

14) A reta r é definida pelos pontos A (1, 2 – n, 3) e B (3, n, 5). Determine o valor do escalar **n** a fim de que a reta r seja paralela ao eixo xOz.

Solução

Inicialmente, deve-se determinar o vetor direção da reta r, ou seja:

$\vec{v} = \vec{AB} = B - A = (3, n, 5) - (1, 2 - n, 3)$

$\vec{v} = (2, 2n - 2, 2)$

Para que a reta r seja paralela ao plano xOz, é necessário que a ordenada (y) do vetor $\vec{v}$ direção de r seja nula, ou seja:

$2n - 2 = 0 \rightarrow 2.n = 2 \rightarrow n = 1$

OBSERVAÇÃO

Uma reta pode ser paralela simultaneamente a dois dos planos xOy, xOz ou yOz, ou seja, paralela a um dos eixos Ox, Oy ou Oz. Nesse caso, duas de suas coordenadas – abscissa, ordenada ou cota – serão constantes.

Quando a reta é simultaneamente paralela aos planos xOy e xOz, ela é paralela ao eixo Ox. Na situação em que é simultaneamente paralela aos planos yOz e xOz, ela é paralela ao eixo Oz. E, finalmente, quando a reta é simultaneamente paralela aos planos xOy e yOz, ela é paralela ao eixo Oy.

Assim, quando a equação da reta estiver escrita na forma paramétrica, estas coordenadas não dependerão do parâmetro t. A seguinte reta é paralela aos planos xOz e yOz, ou seja, ao eixo Oz.

$$\begin{cases} x = 2 \\ y = 3 \\ z = 4 + 3t \end{cases}$$

Note que a reta anterior passa pelo ponto A (2, 3, 4) e tem direção do vetor $\vec{v}$ = (0, 0, 3). A figura 3.8 ilustra o descrito.

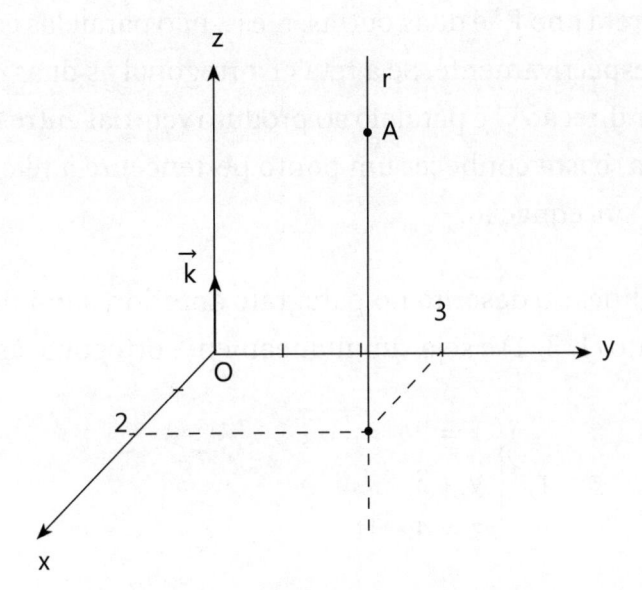

Figura 3.8 Reta paralela ao eixo Oz

Outra maneira de verificar quando uma reta é paralela a um dos eixos Ox, Oy ou Oz é a observação de que duas das coordenadas do vetor direção são nulas. Assim:

- Reta com direção (a, 0, 0) é paralela a **Ox**;

- Reta com direção (0, b, 0) é paralela a **Oy**;

- Reta com direção (0, 0, c) é paralela a **Oz**.

EXERCÍCIO RESOLVIDO

15) A reta r tem a direção do vetor $\vec{v}$ = (2, 3 − n, m − 1) e passa por um ponto P (1, 3, − 4). Determine o valor dos escalares **m** e **n** a fim de que a reta r seja paralela ao eixo **Ox**.

Solução

Para que a reta r seja paralela ao eixo **Ox**, é necessário que a ordenada (y) e a cota (z) do vetor $\vec{v}$ direção de r sejam nulas, ou seja:

m − 1 = 0 → m = 1
3 − n = 0 → n = 3

3.6 Reta ortogonal no R^3

Suponha uma reta r no R^3 e duas outras, r_1 e r_2, não paralelas com vetores direção $\vec{v}_1$ e $\vec{v}_2$, respectivamente. Se a reta r é ortogonal às duas outras citadas r_1 e r_2, seu vetor direção $\vec{v}$ é paralelo ao produto vetorial entre os vetores $\vec{v}_1$ e $\vec{v}_2$. Dessa forma, basta conhecer um ponto pertencente à reta r para que se possa escrever sua equação.

Para exemplificar o descrito no parágrafo anterior, suponha que a reta r passe pelo ponto (1, 3, 1) e seja simultaneamente ortogonal às retas r_1 e r_2.

$$r_1: \begin{cases} x = 1 + 2t \\ y = 2 + 3t \\ z = 3 - 4t \end{cases} \quad e \quad r_2: \begin{cases} x = 2 \\ y = 3 + 1.t \\ z = 4 - 1t \end{cases}$$

As retas r_1 e r_2 têm os seguintes vetores direção, respectivamente: (2, 3, –4) e (0, 1, –1). Deve-se determinar o produto vetorial entre estes dois vetores direção, ou seja:

$$\vec{v}_1 \times \vec{v}_2 = \begin{vmatrix} i & j & k \\ 2 & 3 & -4 \\ 0 & 1 & -1 \end{vmatrix} = \vec{i} + 2\vec{j} + 2\vec{k} = (1, 2, 2)$$

Portanto, a reta r tem direção do vetor (1, 2, 2) e, como passa pelo ponto (1, 3, 1), sua equação será:

$$\frac{x-1}{1} = \frac{y-3}{2} = \frac{z-1}{2}$$

3.7 Ângulo entre retas no R^3

Suponha duas retas r_1 e r_2 com vetores direção $\vec{v}_1$ e $\vec{v}_2$, respectivamente. Define-se o ângulo θ entre as retas r_1 e r_2 como o menor ângulo entre os vetores direção $\vec{v}_1$ e $\vec{v}_2$ dessas retas. Observe a figura 3.9:

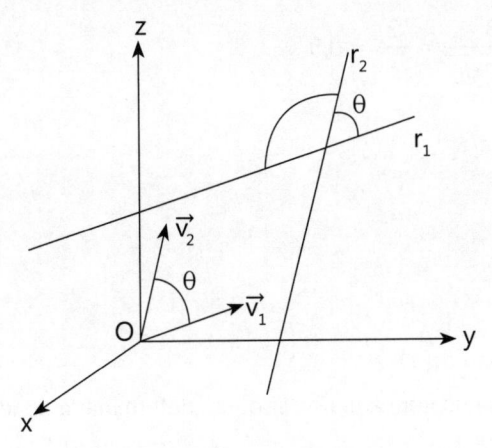

Figura 3.9 Ângulo entre retas

A partir da definição do produto escalar entre dois vetores $\vec{v}_1$ e $\vec{v}_2$, pode-se escrever que:

$$|\vec{v}_1 \cdot \vec{v}_2| = |\vec{v}_1| \cdot |\vec{v}_2| \cos \theta$$

$$\cos \theta = \frac{|\vec{v}_1 \cdot \vec{v}_2|}{|\vec{v}_1| \cdot |\vec{v}_2|}, \ 0 \leq \theta \leq \pi/2$$

Onde, $\vec{v}_1 \cdot \vec{v}_2 = x_1 \cdot x_2 + y_1 \cdot y_2 + z_1 \cdot z_2$ e $v_1 = \sqrt{x_1^2 + y_1^2 + z_1^2}$

EXERCÍCIO RESOLVIDO

16) Suponha duas retas r_1 e r_2 com as equações paramétricas a seguir.

$$r_1: \begin{cases} x = 1 + t \\ y = 2 + 2.t \\ z = 3 + t \end{cases} \quad \text{e} \quad r_2: \begin{cases} x = 2 + 2.t \\ y = 3 + 1.t \\ z = 4 - 1t \end{cases}$$

Determine o ângulo entre estas retas.

Solução

Inicialmente, devem-se determinar os vetores direção $\vec{v}_1$ e $\vec{v}_2$ das retas.

Assim, $\vec{v}_1 = (1, 2, 1)$ e $\vec{v}_2 = (2, 1, -1)$

$\vec{v}_1 \cdot \vec{v}_2 = x_1 \cdot x_2 + y_1 \cdot y_2 + z_1 \cdot z_2 = (1.2 + 2.1 + 1.(-1)) = 3$

$|\vec{v}_1| = \sqrt{(x_1)^2 + (y_1)^2 + (z_1)^2} = \sqrt{(1)^2 + (2)^2 + (1)^2} = \sqrt{6}$

$|\vec{v}_2| = \sqrt{(x_2)^2 + (y_2)^2 + (z_2)^2} = \sqrt{(2)^2 + (1)^2 + (-1)^2} = \sqrt{6}$

$$\cos\theta = \frac{|\vec{v}_1 \cdot \vec{v}_2|}{|\vec{v}_1| \cdot |\vec{v}_2|} = \frac{3}{\sqrt{6} \cdot \sqrt{6}} = \frac{3}{6} = 0{,}5$$

Para $0 \leq \theta \leq \pi/2$, $\theta = \pi/3$

ATENÇÃO

A partir da expressão vista no item anterior, pode-se determinar a condição para que duas retas r_1 e r_2 sejam ortogonais.

$$\cos\theta = \frac{|\vec{v}_1 \cdot \vec{v}_2|}{|\vec{v}_1| \cdot |\vec{v}_2|}$$

Para $\theta = \dfrac{\pi}{2}$, $\cos\theta = 0$. Portanto

$$0 = \frac{|\vec{v}_1 \cdot \vec{v}_2|}{|\vec{v}_1| \cdot |\vec{v}_2|}$$

$\vec{v}_1 \cdot \vec{v}_2 = 0$

EXERCÍCIO RESOLVIDO

17) Suponha duas retas r_1 e r_2 com as equações paramétricas a seguir.

$$r_1: \begin{cases} x = 1 + t \\ y = 2 + m.t \\ z = 3 + t \end{cases} \quad e \quad r_2: \begin{cases} x = 2 + 2.t \\ y = 3 + 1.t \\ z = 4 - 1t \end{cases}$$

Determine o valor do parâmetro **m** para que estas retas r_1 e r_2 sejam ortogonais.

Solução

Assim, $\vec{v}_1 = (1, m, 1)$ e $\vec{v}_2 = (2, 1, -1)$

$\vec{v}_1 \cdot \vec{v}_2 = 0$

$x_1.x_2 + y_1.y_2 + z_1.z_2 = 0$

$1.2 + m.1 + 1.(-1) = 0$

$m = 1 - 2$

$m = -1$

! ATENÇÃO

Considere duas retas r_1 e r_2 cujos vetores direção sejam $\vec{v_1}$ e $\vec{v_2}$. A condição para que estas retas sejam paralelas é que seus vetores sejam proporcionais, ou seja:

$\vec{v_1} = k.\vec{v_2}$
$(x_1, y_1, z_1) = k (x_2, y_2, z_2)$
$(x_1, y_1, z_1) = (kx_2, ky_2, kz_2)$

Da igualdade, tem-se que:

$\dfrac{x_1}{x_2} = k; \quad \dfrac{y_1}{y_2} = k; \quad \dfrac{z_1}{z_2} = k;$

Ou ainda:

$$\dfrac{x_1}{x_2} = \dfrac{y_1}{y_2} = \dfrac{z_1}{z_2}$$

EXERCÍCIO RESOLVIDO

18) Suponha duas retas r_1 e r_2 com as equações paramétricas a seguir.

$r_1: \begin{cases} x = 1 + (n-1).t \\ y = 2 + m.t \\ z = 3 + t \end{cases}$ e $r_2: \begin{cases} x = 2 + 2.t \\ y = 3 + 1.t \\ z = 4 - 3t \end{cases}$

Determine o valor dos parâmetros **m** e **n** para que estas retas sejam paralelas.

Solução

Assim, $\vec{v_1} = (n-1, m, 1)$ e $\vec{v_2} = (2, 1, 3)$

$\dfrac{x_1}{x_2} = \dfrac{y_1}{y_2} = \dfrac{z_1}{z_2}$

$\dfrac{n-1}{2} = \dfrac{m}{1} = \dfrac{1}{3}$

$\dfrac{n-1}{2} = \dfrac{1}{3} \rightarrow 3n - 3 = 2 \rightarrow 3n = 5 \rightarrow n = \dfrac{5}{3}$

$\dfrac{m}{1} = \dfrac{1}{3} \rightarrow 3.m = 1 \rightarrow m = \dfrac{1}{3}$

EXERCÍCIOS DE FIXAÇÃO

1) Verificar se os pontos A(1, –1, 3), B(0, 2, 3) e C(3, 7, 5) pertencem à reta definida por

$$\frac{x-1}{1} = \frac{x-3}{2} = \frac{z-1}{1}$$

2) Considere a reta r escrita em sua forma paramétrica

$$r: \begin{cases} x = -1 + 2.t \\ y = 2 + 3.t \\ z = 4 + 3.t \end{cases}$$

Determine o ponto desta reta cuja ordenada tem valor 5.

3) Considere o ponto A(a, b, 2) pertencente à reta r definida por:

$$r: \begin{cases} x = 8 + 3.t \\ y = 2 - 2.t \\ z = 4 + t \end{cases}$$

Determine os valores de a e b.

4) Considere dois pontos distintos A(1, 2, 3) e B(–1, 3, 5) do R^3 e reta r definida por eles.
a) Determine a equação simétrica da reta r.
b) Determine a equação paramétrica de r.
c) Determine a e b sabendo que P (–3, a, b) pertence à reta r.

5) Considere três pontos distintos A(–1, 2, 3), B(5, –1, 2) e C(4, 1, 5). Mostrar que são colineares.

6) Considere três pontos distintos A(1, 2, 3), B(3, –1, 1) e C(4, 1, 5). Mostrar que **não** são colineares.

7) Determine a equação paramétrica da reta que passa pelo ponto P (1, 3, –2) e é paralela ao eixo das abscissas Ox.

8) Suponha duas retas r_1 e r_2 com as equações paramétricas a seguir.

$$r_1: \begin{cases} x = 2 + t \\ y = 3 - m.t \\ z = 3 - 4.t \end{cases} \quad e \quad r_2: \begin{cases} x = 2 + 5.t \\ y = -3 + 2.t \\ z = 4 - 1.t \end{cases}$$

Determine o valor do parâmetro m para que r_1 e r_2 sejam ortogonais.

9) Suponha duas retas s_1 e s_2 com as equações paramétricas a seguir:

$$s_1: \begin{cases} x = 1 + t \\ y = 2 - m.t \\ z = 3 - (2n - 1).t \end{cases} \quad e \quad s_2: \begin{cases} x = 2 + 2.t \\ y = 3 + 1.t \\ z = 4 + 3.t \end{cases}$$

Determine o valor dos parâmetros m e n para que s_1 e s_2 retas sejam paralelas.

10) A reta r definida por:

$$r: \begin{cases} y = m.x + 3 \\ x = x - 1 \end{cases}$$

É ortogonal à reta determinada pelos pontos A(1,0 m) e B(–2, 2m, 2m). Determine o valor de m.

11) Duas retas r e s são definidas por:

$$r: \begin{cases} x = 1 + t \\ y = 2 + t \\ z = 3 - 2.t \end{cases} \quad e \quad s: \begin{cases} x = 2 - 2.t \\ y = 3 + t \\ z = 4 + t \end{cases}$$

Determine o ângulo entre r e s.

12) Duas retas r e s são definidas por:

$$r: \begin{cases} x = 2 + 3t \\ y = 2 + m.t \\ z = 3 - 2.t \end{cases} \quad e \quad s: \begin{cases} x = 8 + 2.t \\ y = 2 + 3.t \\ z = 5 + t \end{cases}$$

Determine o valor de m para que o ângulo entre as retas r e s seja de 60°.

13) Escreva a equação simétrica da reta r que passa pela origem (0, 0, 0) e é simultaneamente ortogonal às retas s e t:

$$r: \begin{cases} x = 2 + 3t \\ y = 2 + 1.t \\ z = 3 - 2.t \end{cases} \quad e \quad s: \begin{cases} x = 4 + 2.t \\ y = 2 + 13.t \\ z = 5 - 1.t \end{cases}$$

14) Considere as retas r e s. A reta r é definida pela equação:

$$r: \frac{x - 1}{m} = \frac{y}{n} = \frac{z}{-2}$$

A reta s passa pelo ponto P(–1, 0, 0) e é simultaneamente ortogonal às retas r_1 e r_2 definidas por:

$$r_1: \frac{x}{-1} = \frac{y-3}{-2} = \frac{z+1}{3} \quad \text{e} \quad r_2: \frac{x}{1} = \frac{y}{1} = \frac{z}{2}$$

Determine **m** e **n** para que as retas **r** e **s** sejam paralelas.

15) Determinar as equações reduzidas da reta, com variável independente x, que passa pelo ponto P(1, 2, 4) e tem a direção do vetor $\vec{v}$ = (2, 3, –5).

IMAGENS DO CAPÍTULO

Desenhos, gráficos e tabelas cedidos pelo autor do capítulo.

4 Planos e distâncias

ANTÔNIO CARLOS CASTAÑON VIEIRA

4 Planos e distâncias

4.1 Definição

O plano é um objeto geométrico de duas dimensões formado por infinitas retas e infinitos pontos, que pode ser definido da seguinte forma:

- dando três pontos não alinhados;
- dando uma reta e um ponto não pertencente à reta;
- dando duas retas paralelas (não coincidentes);
- dando duas retas concorrentes.

4.2 Equação geral do plano

Seja o ponto A (x_A, y_A, z_A) pertencente a um plano π e o vetor não nulo $\vec{n} = (a, b, c)$ normal (perpendicular) ao plano. O plano π pode ser definido como o conjunto de todos os pontos P (x, y, z) do espaço, tais que o vetor $\vec{AP}$ é ortogonal (perpendicular) a $\vec{n}$, conforme a figura abaixo. Ou seja, o ponto P (x, y, z) pertencerá ao plano π se, e somente se, os vetores atenderem a seguinte expressão $\vec{AP} \cdot \vec{n} = 0$, produto escalar igual a zero (condição de vetores ortogonais).

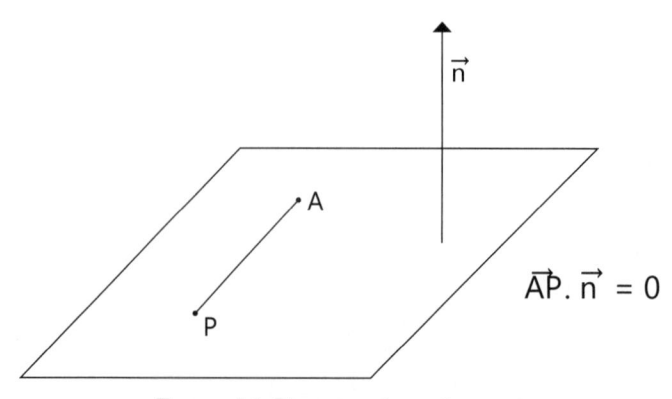

Figura 4.1 Plano e vetor ortogonal

Como:

$\vec{n} = (a, b, c)$

$\vec{AP} = P - A = (x - x_A, y - y_A, z - z_A)$

$\vec{AP}.\vec{n} = (a, b, c)(x - x_A, y - y_A, z - z_A) = 0$

$\vec{AP}.\vec{n} = a.(x - x_A) + b.(y - y_A) + c.(z - z_A) = 0$

$ax - ax_A + by - by_A + cz - cz_A = 0$

$ax + by + cz - (ax_A + by_A - cz_A) = 0$

Como $\vec{n} = (a, b, c)$ e $A(x_A, y_A, z_A)$ são conhecidos (dados), pode-se escrever:

$-(ax_A + by_A + cz_A) = d$

onde d também será conhecido.

Assim, a equação geral do plano π é:

$ax + by + cz + d = 0$

OBSERVAÇÃO

1) Os coeficientes a, b, c da equação geral do plano ax + by + cz + d = 0 representam as componentes de um vetor normal ao plano, ou seja, se dois planos têm todos os três coeficiente, (a, b, c) iguais, significa que os planos são paralelos;
2) O plano π é definido, basicamente, por um vetor normal $\vec{n} = (a, b, c)$ e um ponto $A(x_A, y_A, z_A)$ pertencente ao plano;
3) O vetor $\vec{n} = (a, b, c)$, normal ao plano também será normal a todos os vetores representados neste plano.

4.3 Determinação de um plano

Existem outras formas de caracterizar um plano. Contudo, de uma forma geral, todas conduzem a encontrar o vetor normal $\vec{n} = (a, b, c)$ e um ponto $A(x_A, y_A, z_A)$ pertencente ao plano.

A seguir são apresentadas outras formas de determinação dos planos.

1) Passa por um ponto A (x_A, y_A, z_A) e é paralelo a dois vetores $\vec{v}$ e $\vec{u}$ não colineares.

Neste caso:

$$\vec{n} = \vec{v} \times \vec{u}$$

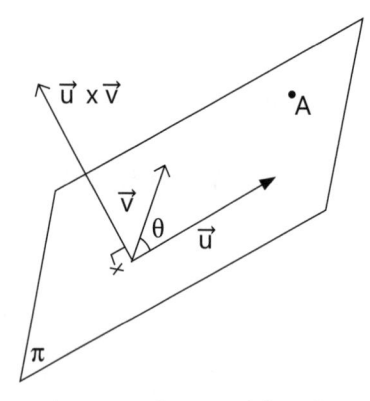

Figura 4.2 Plano passando por ponto e paralelo a dois vetores não colineares

2) Passa por dois pontos A (x_A, y_A, z_A) e B (x_B, y_B, z_B) e é paralelo a um vetor v não colinear ao vetor $\vec{AB}$.

Neste caso:

$$\vec{n} = \vec{v} \times \vec{AB}$$

3) Passa por três pontos A (x_A, y_A, z_A), B (x_B, y_B, z_B) e C (x_C, y_C, z_C) não colineares (na mesma linha).

Neste caso:

$$\vec{n} = \vec{AB} \times \vec{AC}$$

4) Contém duas retas r_1 e r_2 concorrentes.

Neste caso:

$$\vec{n} = \vec{v_1} \times \vec{v_2}$$

Onde $\vec{v_1}$ e $\vec{v_2}$ são vetores diretores (mesma direção) de r_1 e r_2.

5) Contém duas retas r_1 e r_2 paralelas.

Neste caso:

$$\vec{n} = \vec{v}_1 \times \vec{AB}$$

Onde $\vec{v}_1$ é o vetor diretor (mesma direção) de r_1 (ou r_2) e $A \in r_1$ e $B \in r_2$.

6) Contém uma reta r e um ponto $A(x_A, y_A, z_A)$ não pertencente a r.

Neste caso:

$$\vec{n} = \vec{v} \times \vec{AB}$$

Onde $\vec{v}$ é o vetor diretor (mesma direção) de r e $B \in r$.

EXERCÍCIO RESOLVIDO

1) Determine a equação geral do plano que passa pelo ponto A (1, 2, -1) e é paralelo aos vetores $\vec{v}_1 = (0, 1, 2)$ e $\vec{v}_2 = (-1, 0, 1)$.

Solução

$$\vec{n} = \vec{v}_1 \times \vec{v}_2 = \begin{vmatrix} \vec{i} & \vec{j} & \vec{k} \\ 0 & 1 & 2 \\ -1 & 0 & 1 \end{vmatrix} = (1, -2, 1)$$

Logo, a equação geral do plano é do tipo:

ax + by + cz + d = 0

Onde os coeficientes a, b, c são as coordenadas do vetor normal ao plano, assim:

a = 1, b = –2 e c = 1.

x – 2y + z + d = 0

Como o ponto A (1, 2, –1) pertence ao plano, ele satisfaz a equação acima. Assim:

1 – 2(2) + (–1) + d = 0

d = 4

A equação geral do plano final é:

x − 2y + z + 4 = 0

4.4 Ângulo de dois planos

O ângulo de dois planos π_1 e π_2 é o menor ângulo que o vetor normal de π_1 ($\vec{n_1}$) forma com o vetor normal de π_2 ($\vec{n_2}$). Sendo θ este ângulo:

$$\cos \theta = \frac{|\vec{n_1} \cdot \vec{n_2}|}{|\vec{n_1}| \cdot |\vec{n_2}|}, \quad 0 \leq \theta \leq \frac{\pi}{2}$$

EXERCÍCIO RESOLVIDO

2) Determine o valor de m para que seja 30° ($\cos 30° = \frac{\sqrt{3}}{2}$). O ângulo entre os planos abaixo:

π_1: x + y + 2z + 3 = 0; e
π_2: 4x + 5y + m.z − 1= 0

Solução:

O ângulo de dois planos π_1 e π_2 é o menor ângulo que o vetor normal $\vec{n_1}$ = (1, 1, 2), referente ao plano π_1 forma com o vetor normal $\vec{n_2}$ = (4, 5, m) referente ao plano de π_2. Sendo θ este ângulo definido pela expressão abaixo:

$$\cos(\theta) = \frac{|\vec{n_1} \cdot \vec{n_2}|}{|\vec{n_1}| \cdot |\vec{n_2}|}$$

Assim, basta calcular o produto escalar entre os vetores $\vec{n_1}$ e $\vec{n_2}$ e o módulo dos mesmos vetores, aplicando diretamente na fórmula acima. Sabendo que $\cos 30° = \frac{\sqrt{3}}{2}$.

$|\vec{n_1}| = \sqrt{1^2 + 1^2 + 2^2} = \sqrt{6}$

$|\vec{n_2}| = \sqrt{4^2 + 5^2 + m^2} = \sqrt{m^2 + 41}$

$|\vec{n_1} \cdot \vec{n_2}| = 1.4 + 1.5 + 2.m = 2m + 9$

$\dfrac{\sqrt{3}}{2} = \dfrac{2m + 9}{\sqrt{6} \cdot \sqrt{m^2 + 41}}$

$\dfrac{\sqrt{3}}{2} = \dfrac{2m + 9}{\sqrt{6m^2 + 246}}$

$\sqrt{18m^2 + 738} = 4m + 18$

$18m^2 + 738 = 16m^2 + 144m + 324$

$2m^2 - 144m + 414 = 0$

$m^2 - 72m + 207 = 0$

m = 3 ou m = 69

4.5 Ângulo de uma reta com um plano

Seja a reta r com a direção do vetor $\vec{v}$ e um plano π, sendo $\vec{n}$ um vetor normal a π, conforme figura abaixo.

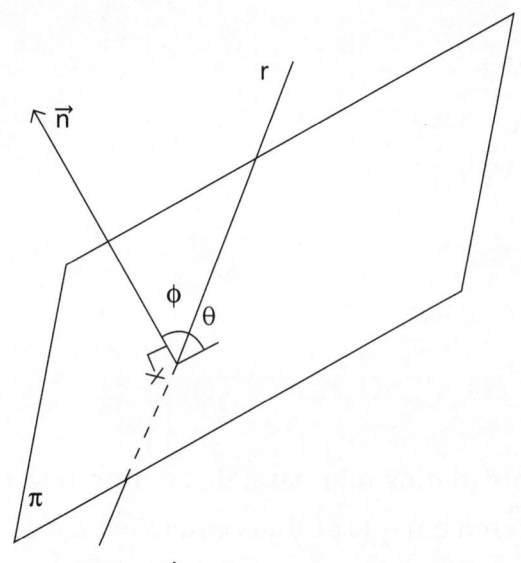

Figura 4.3 Ângulo da reta r com plano π

O ângulo θ da reta r com o plano π é o complemento do ângulo ϕ ($\theta + \phi = \frac{\pi}{2}$) que a reta forma com o vetor normal $\vec{n}$ ao plano.

Como $\theta + \phi = \frac{\pi}{2}$, logo sen ($\theta$) = cos ($\phi$), então:

$$\operatorname{sen} \theta = \frac{|\vec{v} \cdot \vec{n}|}{|\vec{v}| \cdot |\vec{n}|}$$

EXERCÍCIO RESOLVIDO

3) Calcular o ângulo entre a reta r e o plano π abaixo definidos:

r: $\begin{cases} x = t \\ y = 2t - 1 \\ z = 4 \end{cases}$

$\pi : x - 2y + 3 = 0$

s: $\begin{cases} x = -2t - 1 \\ y = 4t + 1 \\ z = -4t - 3 \end{cases}$

Solução

O ângulo será o complemento do ângulo entre o vetor diretor da reta r (v) e o vetor normal ao plano π (n), ou seja o arco cujo seno é:

$$\text{sen}(\theta) = \frac{|\vec{n}\cdot\vec{v}|}{|\vec{n}|\cdot|\vec{v}|}$$

Onde $\vec{n} = (1, 2, 0)$
$\vec{v} = (1, -2, 0)$

Assim,

$$|\vec{n}| = \sqrt{1^2 + 2^2 + 0} = \sqrt{5}$$

$$|\vec{v}| = \sqrt{1^2 + (-2)^2 + 0^2} = \sqrt{5}$$

$$|\vec{n}\cdot\vec{v}| = 1.1 + 2(-2) + 0.0 = 3$$

$$\text{sen}(\theta) = \frac{|\vec{n}\cdot\vec{v}|}{|\vec{n}|\cdot|\vec{v}|} = \frac{3}{\sqrt{5}\cdot\sqrt{5}} = \frac{3}{5}$$

$\theta = 36{,}87°$

4.6 Interseção de dois planos

A interseção de dois planos não paralelos é uma reta r, cuja equação é a solução de um sistema em que as duas equações são as dos planos.

EXERCÍCIO RESOLVIDO

4) Sejam os planos π_1 e π_2 cujas equações são respectivamente:

π_1: x − 2y + z + 4 = 0, e
π_2: x + 3y − 2z − 1 = 0

Determine a equação da reta que é a interseção desses dois planos.

Solução

$$\begin{cases} x - 2y - z + 4 = 0 \\ x + 3y - 2z - 1 = 0 \\ 3x - y + 7 = 0 \end{cases}$$

Multiplicando a primeira equação por 2 para eliminar a coordenada z, tem-se:

$$\begin{cases} x - 2y + z + 4 = 0 \\ x + 3y - 2z - 1 = 0 \end{cases}$$

Multiplicando a primeira equação por 3 e a segunda por 2 para eliminar a coordenada y, tem-se:

$5x - z + 10 = 0$

Logo a equação reduzida da reta r (interseção dos planos π_1 e π_2).

$$\begin{cases} y = 3x + 7 \\ z = 5x + 10 \end{cases}$$

4.7 Interseção de reta com plano

A interseção de reta com plano (não paralelos) é um ponto cujas coordenadas são obtidas pela solução de um sistema em que as equações são as da reta e do plano.

EXERCÍCIO RESOLVIDO

5) Sejam o plano π e a reta r, cujas equações são respectivamente:
$\pi: 2x - 3y + z + 5 = 0$, e

$r: \begin{cases} y = -x + 8 \\ z = 2x + 5 \end{cases}$

Substituindo-se nas equações do plano π
$2x - 3(-x + 8) + (2x + 5) + 5 = 0$
$2x + 3x - 24 + 2x + 5 + 5 = 0$
$x = 2$
$y = 6$
$z = 9$

A (2, 6, 9)

EXERCÍCIOS DE FIXAÇÃO

1) Determinar o valor de m para que a reta r esteja contida no plano π.
   $r: y = x + 2;\ z = -x - 4$
   $\pi: mx - ny + z - 2 = 0$

2) Determinar a equação geral do plano que contém os pontos A (1, –2, 2) e B (–3, 1, –2) e é perpendicular ao plano $2x + y - z + 8 = 0$.

3) Determinar o valor de k para que os pontos A (k, –1, 5), B (7, 2, 1), C (–1, –3, –1) e D (1, 0, 3) sejam coplanares.

4.8 Distâncias

Existem duas possibilidades para a relação entre as diferentes entidades geométricas estudadas até agora (ponto, reta, plano). Uma quando há interseção entre elas, identificada pelo ponto comum, obtido normalmente pela solução do sistema composto pelas equações das entidades geométricas. Outra possibilidade é o cálculo da distância entre as entidades que não possuem ponto comum entre elas.

O objetivo é calcular a distância entre entidades geométricas.

4.9 Distância entre dois pontos

Como visto anteriormente, a distância entre dois pontos A (x_A, y_A, z_A) e B (x_B, y_B, z_B) é o módulo do vetor $\vec{AB}$.

$$d(A, B) = |\vec{AB}|$$

Portanto,

$$d(A, B) = |\vec{AB}| = \sqrt{(x_B - x_A)^2 + (y_B - y_A)^2 + (z_B - z_A)^2}$$

4.10 Distância de um ponto a uma reta

A distância entre um ponto P (x_p, y_p) e uma reta s é calculada unindo o próprio ponto à reta por meio de um segmento de comprimento d, que deverá formar com a reta um ângulo reto (90°), conforme a figura abaixo.

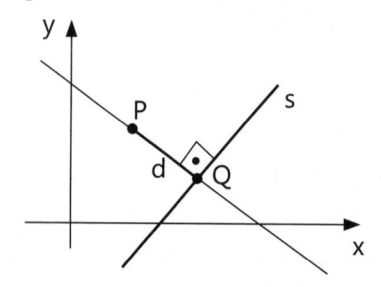

Figura 4.4 Distância de um ponto P a uma reta s

Com base na equação da reta s: $ax + by + c = 0$ e nas coordenadas do ponto P (x_p, y_p), a distância entre eles d(P, s) é dada por:

$$d_{p,s} = \frac{|ax_p + by_p + c|}{\sqrt{a^2 + b^2}}$$

No R^3, a distância de um ponto qualquer do espaço P (x_p, y_p, z_p) à reta s, definida pelo ponto Q (x_Q, y_Q, z_Q) e pelo vetor diretor $\vec{v} = (a, b, c)$, conforme a figura abaixo, é obtida pela relação entre os vetores $\vec{v}$ e $\vec{PQ}$, que determinam um paralelogramo cuja altura é a distância d do ponto P à reta s.

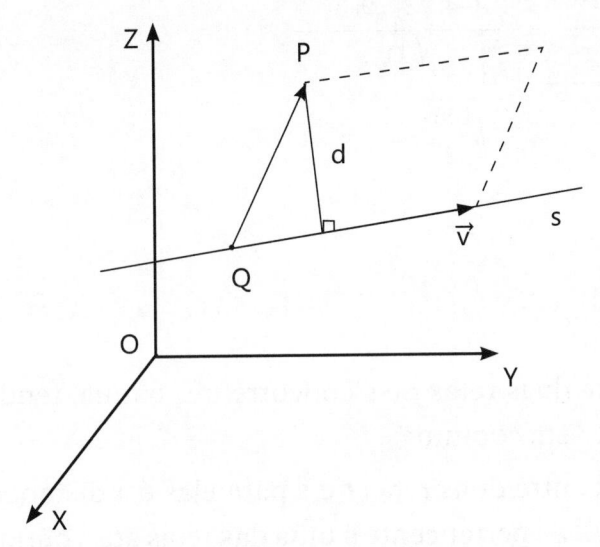

Figura 4.5 Distância de ponto a reta no R^3

Sendo assim, designa-se por A a área do referido paralelogramo:

$A = |\vec{v}|.d$

A área também pode ser obtida pelo produto vetorial entre os vetores $\vec{v}$ e $\vec{PQ}$:

$A = |\vec{v} \times \vec{PQ}|$

$$d_{p,s} = \frac{|\vec{v} \times \vec{PQ}|}{\vec{v}}$$

EXERCÍCIO RESOLVIDO

6) Calcule a distância do ponto P (2, 0, 5) à reta de equação:
(x, y, z) = t.(3, 1, 1) + (–1, 2, 3)

Solução

Basta aplicar a fórmula:

$$d_{P,s} = \frac{|\vec{v} \times \vec{PQ}|}{|\vec{v}|}$$

Onde:

$\vec{v}$ é o vetor diretor da reta e Q é um ponto qualquer da reta. Assim:
$\vec{v}$ = (3, 1, 1) e Q (-1, 2, 3), assim:

$\vec{PQ}$ = (-3, 2, -2)

$$d_{P,s} = \frac{\begin{vmatrix} \vec{i} & \vec{j} & \vec{k} \\ 3 & 1 & 1 \\ -3 & 2 & -2 \end{vmatrix}}{\sqrt{3^2 + 1^2 + 1^2}} = \frac{(-4\vec{i}, 3\vec{j}, 9\vec{k})}{\sqrt{11}}$$

$$d_{P,s} = \frac{\sqrt{(-4)^2 + 3^2 + 9^2}}{\sqrt{11}} = \sqrt{\frac{106}{11}}$$

4.11 Distância entre duas retas paralelas

A distância entre duas retas r e s concorrentes é nula, tendo em vista possuírem um ponto em comum.

A distância d entre duas retas r e s paralelas é a distância de um ponto qualquer P (x_p, y_p, z_p) pertencente a uma das retas até a outra reta.

d(r, s) = d(P, s), P ∈ r,
d(r, s) = d(P, r), P ∈ s

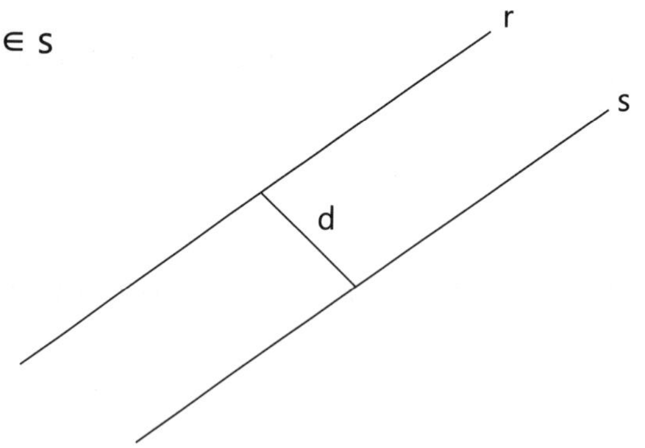

Figura 4.6 Distância entre duas retas paralelas

EXERCÍCIO RESOLVIDO

7) Calcule a distância entre as retas:

$$r: \begin{cases} x = t \\ y = -2t + 3 \\ z = 2t \end{cases} \qquad s: \begin{cases} x = -2t - 1 \\ y = 4t + 1 \\ z = -4t - 3 \end{cases}$$

Solução:

Basta aplicar a fórmula:

$$d(r, s) = \frac{|\vec{v} \times \vec{AP}|}{|\vec{v}|}$$

Onde $\vec{v}$ é o vetor diretor das retas **r** e **s** (paralelas), **A** é um ponto da reta **r** e **P** é um ponto da reta **s**.

Assim,

$\vec{v} = (1, -2, 2)$

$|\vec{v}| = \sqrt{1^2 + (-2)^2 + 2^2} = 3$

A (0, 3, 0) e P (-1, 1, -3)

$\vec{AP} = (-1, -2, -3)$

$|\vec{v} \times \vec{AP}| = \begin{vmatrix} i & j & k \\ 1 & -2 & 2 \\ -1 & -2 & -3 \end{vmatrix} = (10\vec{i} + \vec{j} - 4\vec{k}) = \sqrt{117} = 3\sqrt{13} = (10i + j - 4k)$

$d(r, s) = \frac{|\vec{v} \times \vec{AP}|}{|\vec{v}|} = \frac{3\sqrt{13}}{3} = \sqrt{13}$ uc

4.12 Distância de um ponto a um plano

Sejam um ponto P (x_p, y_p, z_p) e um plano de equação:

π: ax + by + cz + d = 0

Seja A (x_A, y_A, z_A) o pé da perpendicular conduzida por P sobre o plano π e Q (x_Q, y_Q, z_Q) um ponto qualquer do plano, conforme figura abaixo.

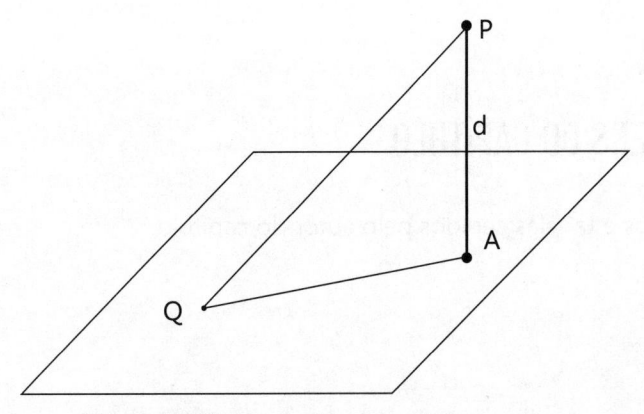

Figura 4.7 Distância de um ponto a um plano

O vetor $\vec{n} = (a, b, c)$ é normal ao plano π e, consequentemente, o vetor $\vec{AP}$ tem a mesma direção de $\vec{n}$.

A distância d do ponto P ao plano π é:

$d(P, \pi) = |\vec{AP}|$

Observando que o vetor $\vec{AP}$ é a projeção do vetor $\vec{QP}$ sobre a direção de $\vec{n}$, tem-se:

$d_{P,\pi} = |\vec{AP}|$

$d_{P,\pi} = \left| \vec{PQ} \, \dfrac{\vec{n}}{|\vec{n}|} \right|$

Como $\vec{QP} = (x_P - x_Q, y_P - y_Q, z_P - z_Q)$

$\dfrac{\vec{n}}{|\vec{n}|} = \dfrac{(a, b, c)}{\sqrt{a^2 + b^2 + c^2}}$

Após substituição dos valores e manipulação algébrica, tem-se:

$d_{P,\pi} = \left| \dfrac{|ax_p + by_p + cz_p + d|}{\sqrt{a^2 + b^2 + c^2}} \right|$

EXERCÍCIOS DE FIXAÇÃO

4) Calcule a distância do ponto P (–4, 2, 5) ao plano de equação:
$\pi: 2x + y + 2z + 8 = 0$

5) Calcule a distância do ponto P (1, 2, 3) à reta de equação:
$(x, y, z) = t \cdot (-2, 2, -1) + (1, 0, 2)$

IMAGENS DO CAPÍTULO

Desenhos, gráficos e tabelas cedidos pelo autor do capítulo.

5 Cônicas

ANTÔNIO CARLOS CASTAÑON VIEIRA
JÚLIO CÉSAR RODRIGUES JUNIOR

Cônicas

? CURIOSIDADE

O estudo matemático das cônicas tem proporcionado à humanidade uma grande variedade de aplicações em nosso dia a dia e em diversas áreas da engenharia.

A propriedade de reflexão em superfícies parabólicas que afirma que raios que passam pelo foco refletem paralelamente ao eixo é amplamente explorada. O farol de carro possui uma lâmpada que é colocada no foco da superfície espelhada parabólica. As antenas parabólicas são amplamente utilizadas na comunicação, seja para a transmissão via satélite, telefonia móvel ou GPS (*Global Positioning System*). Nessas duas aplicações, é possível relacionar a incidência de raios paralelos sobre a superfície parabólica com os raios refletidos que passam pelo ponto focal.

5.1 Circunferência

Definição

Considere o plano cartesiano xy e um ponto fixo conhecido C (x_c, y_c) deste plano, denominado centro. O lugar geométrico (L.G.) dos pontos deste plano equidistantes de C é denominado circunferência. A distância comum dos pontos (x, y) ao centro C denomina-se raio R da circunferência. Observe a figura 5.1:

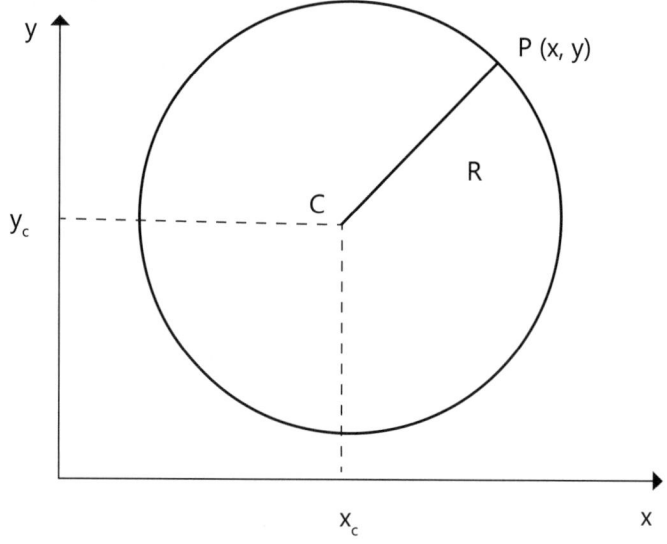

Figura 5.1 Circunferência de centro C e raio R

Equação reduzida da circunferência

Observando a figura 5.1, é fácil concluir que o raio R da circunferência é igual à distância d_{PC} entre qualquer ponto P desta circunferência e seu centro C. A partir da definição apresentada para a circunferência acima e da expressão para a determinação da distância entre dois pontos, pode-se escrever que:

$$d_{PC} = R = \sqrt{(x - x_c)^2 + (y - y_c)^2}$$

$$(x - x_c)^2 + (y - y_c)^2 = R$$

A equação anterior é denominada de equação reduzida da circunferência de raio R e centro C (x_C, y_C).

EXERCÍCIOS RESOLVIDOS

1) Determinar a equação reduzida da circunferência de raio 5 e centro com coordenadas (1, –3).

Solução

A equação reduzida da circunferência é $(x - x_c)^2 + (y - y_c)^2 = R^2$.

Centro $C (x_C, y_C) = (1, -3) \rightarrow x_C = 1$ e $y_C = -3$

Raio R = 5

Substituindo x_C, y_C e R na equação reduzida da circunferência, tem-se:

$(x - 1)^2 + (y - (-3))^2 = 5^2$

$(x - 1)^2 + (y + 3)^2 = 25$

2) Determinar a equação reduzida da circunferência que passa pelo ponto P (5, 7) e tem centro C (2, 3).

Solução

A equação reduzida da circunferência é $(x - x_c)^2 + (y - y_c)^2 = R^2$

Centro $C (x_C, y_C) = (2, 3) \rightarrow x_C = 2$ e $y_C = 3$

Ponto $P (x_P, y_P) = (5, 7) \rightarrow x_P = 5$ e $y_P = 7$

Raio R = distância de qualquer ponto da circunferência ao centro.

$$d_{PC} = R = \sqrt{(x_p - x_c)^2 + (y_p - y_c)^2}$$

$$d_{PC} = R = \sqrt{(5 - 2)^2 + (7 - 7)^2}$$

$$d_{PC} = R = \sqrt{(3)^2 + (4)^2}$$

$$d_{PC} = R = \sqrt{9 + 16} = \sqrt{25} = 5$$

Substituindo x_C, y_C e R na equação, tem-se:

$(x - 2)^2 + (y - 3)^2 = 5^2$

$(x - 2)^2 + (y - 3)^2 = 25$

> **! ATENÇÃO**
>
> Quando a circunferência está centrada na origem dos eixos cartesianos, isto é, no ponto (0, 0), sua equação reduzida será dada por:
>
> $$x^2 + y^2 = R^2$$

Equação geral da circunferência

No item anterior, estudou-se a circunferência de centro C (x_c, y_c) e raio R a partir de sua equação reduzida, ou seja:

$$(x - x_c)^2 + (y - y_c)^2 = R^2$$

Desenvolvendo os quadrados do primeiro membro da equação, tem-se:

$$x^2 - 2x_c \cdot x + x_c^2 + y_2 + 2y_c \cdot y + y_c^2 = R^2$$

$$x^2 + y^2 - 2x_c \cdot x - 2y_c \cdot y + x_c^2 + y_c^2 - R^2 = 0$$

Supondo:

- $A = -2 \cdot x_c$
- $B = -2 \cdot y_c$
- $C = x_c^2 + y_c^2 - R^2$

A equação geral poderá ser escrita como:

$$x^2 + y^2 + A \cdot x + B \cdot y + C = 0$$

Dessa forma, as coordenadas (x_c, y_c) do centro são dadas por:

$$x_c = -\frac{A}{2} \qquad y_c = -\frac{B}{2}$$

E o raio R por:

$$R = \sqrt{x_c^2 + y_c^2 - C}$$

EXERCÍCIOS RESOLVIDOS

3) Determinar a equação geral da circunferência de raio 5 e centro com coordenadas (1, –3).

Solução

A equação reduzida da circunferência é $(x - x_c)^2 + (y - y_c)^2 = R^2$.

Centro C (x_c, y_c) = (1, –3) → x_c = 1 e y_c = –3
Raio R = 5
Substituindo x_c, y_c e R na equação, tem-se:

$(x - 1)^2 + (y - (-3))^2 = 5^2$

$(x - 1)^2 + (y + 3)^2 = 25$

$x^2 - 2x + 1 + y^2 + 6y + 9 = 25$

$x^2 + y^2 - 2x + 6y - 15 = 0$

4) Sendo a equação geral da circunferência $x^2 + y^2 - 2x - 4y - 4 = 0$, determine:

a) As coordenadas do centro desta circunferência.

b) O raio R desta circunferência.

c) Se o ponto A (4, 2) pertence à circunferência.

d) Se o ponto B (1, –3) pertence à circunferência.

Solução

a) A equação geral da circunferência é:
$x^2 + y^2 + A.x + b.y + C = 0$

onde $x_c = -\dfrac{A}{2}$ e $y_c = -\dfrac{B}{2}$

Comparando as equações:
$x^2 + y^2 + A.x + B.y + C = 0$ e $x^2 + y^2 + 2x - 4y - 4 = 0$, A = – 2 e B = – 4

assim, $x_c = -\dfrac{(-2)}{2} = 1$ e $y_c = -\dfrac{(-4)}{2} = 2$

Centro C (x_c, y_c) = (1, 2)

b) A expressão para determinação do raio R é dada por:

$R = \sqrt{x_c^2 + y_c^2 - C}$

Comparando as equações $x^2 + y^2 + A.x + B.y + C = 0$ e $x^2 + y^2 - 2x - 4y - 4 = 0$, $C = -4$.

$R = \sqrt{1^2 + 2^2 - (-4)} = \sqrt{1^2 + 4 + 4} = \sqrt{9} = 3$

c) Se o ponto $A(x_A, y_A)$ pertencer à circunferência, deve satisfazer à equação dessa circunferência, isto é, ao substituir os valores de x_A e y_A, deve-se encontrar a igualdade $0 = 0$.

Ponto $A(x_A, y_A) = (4, 2)$ e equação da circunferência $x^2 + y^2 - 2x - 4y - 4 = 0$.

Substituindo, tem-se:

$4^2 + 2^2 - 2.4 - 4.2 - 4 = 0$

$16 + 4 - 8 - 8 - 4 = 0$

$0 = 0$

Assim, o ponto **A** pertence à circunferência.

d) Se o ponto $B(x_B, y_B)$ pertencer à circunferência, deve satisfazer à equação dessa circunferência, isto é, ao substituir os valores de x_B e y_B, deve-se encontrar a igualdade $0 = 0$.
Ponto $B(x_B, y_B) = (1, -3)$ e equação da circunferência $x^2 + y^2 - 2x - 4y - 4 = 0$.
Substituindo, tem-se:

$1^2 + (-3)^2 - 2.1 - 4.(-3) - 4 = 0$

$1 + 9 - 2 + 12 - 4 = 0$

$16 \neq 0$

Assim, o ponto **B** não pertence à circunferência.

OBSERVAÇÃO

Um ponto P pode pertencer ou não à circunferência. E neste último caso, pode ser interior ou exterior. Suponha o ponto $P(x_P, y_P)$ e a equação geral da circunferência $x^2 + y^2 + A.x + B.y + C = 0$. Ao substituir as coordenadas de P na expressão $x^2 + y^2 + A.x + b.y + C$, três são as possibilidades:

• Valor nulo	→ P pertence à circunferência.
• Valor positivo	→ P é exterior à circunferência.
• Valor negativo	→ P é interior à circunferência.

Posição relativa entre a reta e a circunferência

Considere uma reta r no R^2 e uma circunferência de centro C (x_c, y_c) e raio R. Existem três posições relativas entre r e a circunferência:

• Exterior	nenhum ponto em comum.
• Interior/Secante	dois pontos em comum.
• Tangente	um ponto em comum.

A figura 5.2 ilustra o descrito.

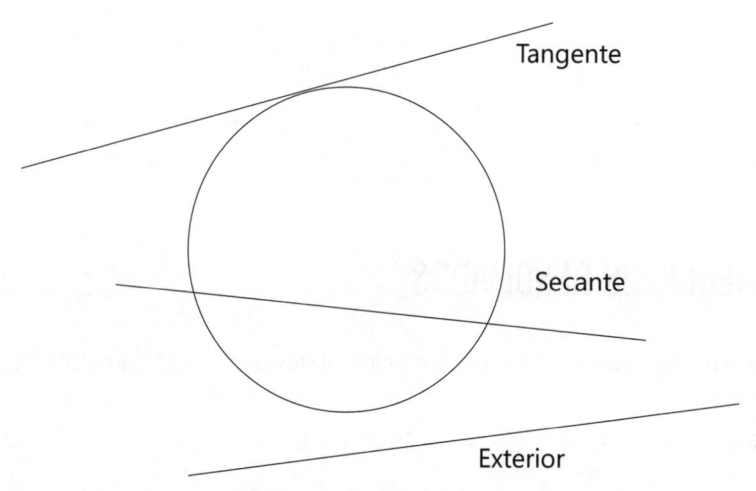

Figura 5.2 Posições relativas entre reta e circunferência

Suponha que as equações da reta r e da circunferência C sejam conhecidas. Existem duas maneiras para se determinar a posição relativa de r e C.

a) Um sistema entre as equações de r e C é resolvido. Uma equação do segundo grau será originada e a partir do discriminante Δ tem-se a posição relativa. Para valores positivos de Δ (duas raízes reais distintas), existem dois pontos em comum, ou seja, a reta e a circunferência são secantes. No caso de Δ nulo (duas raízes reais iguais), há apenas um ponto em comum de r e C, isto é, são tangentes. Como última possibilidade para Δ, tem-se o valor negativo (não existem raízes reais). Nesse caso, a reta e a circunferência são exteriores.

b) Pode-se avaliar a distância d do centro da circunferência C à reta r. Quando d for menor que o raio R da circunferência, r e C são secantes. Se d = R, a reta e a circunferência são tangentes, e, por último, se d maior que R, a reta é exterior à circunferência.

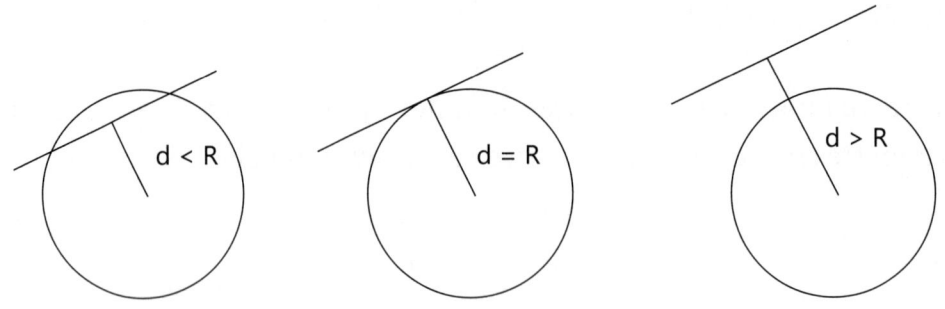

Figura 5.3 Distância de reta ao centro de uma circunferência

OBSERVAÇÃO

Considere a reta r: ax + by + c = 0 e o ponto P (x_p, y_p). A distância d_p do ponto P à reta r é dada por:

$$d_p = \frac{|a.x_p + b.y_p + c|}{\sqrt{a^2 + b^2}}$$

EXERCÍCIOS RESOLVIDOS

5) Determine a posição relativa da reta r e da circunferência C cujas equações são:

r: x − y − 1 = 0   e   C: $x^2 + y^2 - 4.x - 2.y + 3 = 0$

Primeira solução
O sistema a ser resolvido é:

$$\begin{cases} x - y - 1 = 0 \\ x^2 + y^2 - 4x - 2y + 3 = 0 \end{cases}$$

Na primeira equação, y = x − 1. Substituindo na segunda equação do sistema tem-se:

$x^2 + (x-1)^2 - 4.x - 2.(x-1) + 3 = 0$

$x^2 - 4.x + 3 = 0$

$\Delta = b^2 - 4.a.c = (-4)^2 - 4.1.3 = 12 > 0$

Conclusão: como o discriminante é positivo, r e C são secantes.

Segunda solução
A equação da circunferência C é dada por $x^2 + y^2 - 4x - 2y + 3 = 0$

Quando a equação geral da circunferência é $x^2 + y^2 + A.x + B.y + C = 0$ as coordenadas do centro são dadas por $x_c = -\dfrac{A}{2}$ e $y_c = -\dfrac{B}{2}$ e $R = \sqrt{x_c^2 + y_c^2 - C_r}$

Assim, $x_c = -\dfrac{-4}{2} = 2$; $y_c = -\dfrac{-2}{2} = 1$ e $R = \sqrt{2^2 + 1^2 - 3} = \sqrt{2}$

A reta r tem equação dada por r: $x - y - 1 = 0$

A distância d_c do centro à reta r:

$$d_p = \frac{|a.x_p + b.y_p + c|}{\sqrt{a^2 + b^2}} = \frac{|1.2 + 1.1 + 1|}{\sqrt{1^2 + (-1)^2}}$$

> Conclusão: como $d_c < R$, reta e circunferência são secantes.

6) Determine a posição relativa da reta r e da circunferência C cujas equações são:

r: $x + y - 2 = 0$ e   C: $x^2 + y^2 - x - y = 0$

Solução
A equação da circunferência C é dada por $x^2 + y^2 - x - y = 0$

Quando a equação geral da circunferência é $x^2 + y^2 + A.x + B.y + C = 0$, as coordenadas do centro são dadas por $x_c = -\dfrac{A}{2}$ e $y_c = -\dfrac{B}{2}$ e $R = \sqrt{x_c^2 + y_c^2 - C_r}$

Assim, $x_c = -\dfrac{-1}{2} = 0{,}5$; $y_c = -\dfrac{-1}{2} = 0{,}5$ e $R = \sqrt{0{,}5^2 + 0{,}5^2} = \dfrac{1}{\sqrt{2}}$

A reta r tem equação dada por r: $x + y - 2 = 0$

A distância d_c do centro à reta r:

$$d_p = \frac{|a.x_p + b.y_p + c|}{\sqrt{a^2 + b^2}} = \frac{|1.0{,}5 + 1.0{,}5 - 2|}{\sqrt{1^2 + 1^2}} = \frac{1}{\sqrt{2}}$$

> Conclusão: como $d_c = R$, reta e circunferência são tangentes.

Posição relativa de duas circunferências

Considere duas circunferências C_1 e C_2 de raios R_1 e R_2. As posições relativas dessas circunferências são:

a) **Exteriores** – nesse caso, não há interseção entre as duas circunferências, ou seja, o sistema formado pelas duas equações não tem solução. A distância d entre os centros é maior que a soma dos raios R_1 e R_2. Observe a figura a seguir.

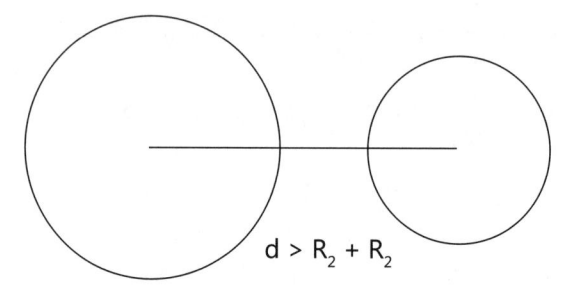

$$d > R_2 + R_2$$

Figura 5.4 Circunferências exteriores

b) **Tangentes externas** – nesse caso, a interseção entre as duas circunferências é dada por um ponto, ou seja, o sistema formado pelas duas equações tem solução única e a distância d entre os centros é igual à soma dos raios R_1 e R_2. Observe a figura abaixo.

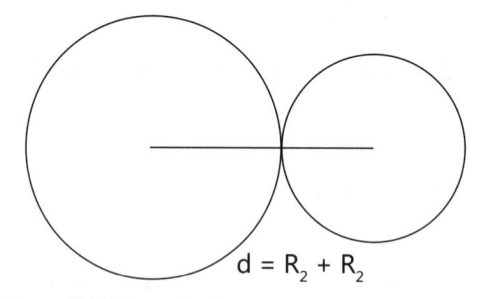

$$d = R_2 + R_2$$

Figura 5.5 Circunferências tangentes externas

c) **Secantes** – nesse caso, a interseção entre as duas circunferências é dada por dois pontos, ou seja, o sistema formado pelas duas equações tem duas soluções distintas e a distância d entre os centros é maior que o módulo da diferença entre os raios e menor que a soma dos raios R_1 e R_2. Observe a figura 5.6.

$$R_1 - R_2 < d < R_1 + R_2$$

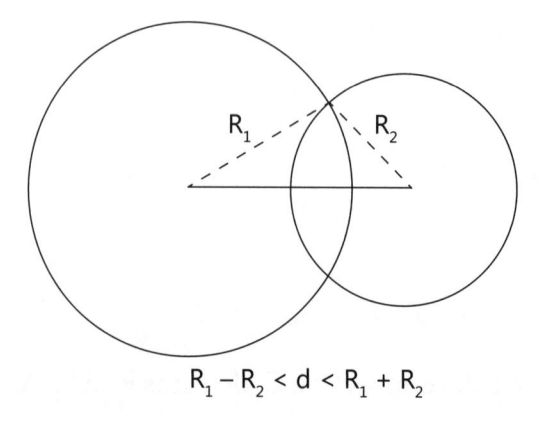

Figura 5.6 Circunferências secantes

d) **Tangentes interiores** – nesse caso, a interseção entre as duas circunferências é dada por um ponto, ou seja, o sistema formado pelas duas equações tem solução única e a distância d entre os centros é igual ao módulo da diferença dos raios R_1 e R_2. Observe a figura 5.7.

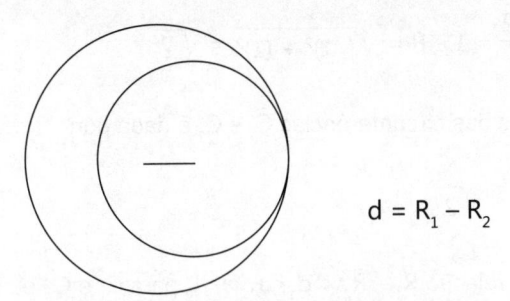

$$d = R_1 - R_2$$

Figura 5.7 Circunferências tangentes interiores

e) **Interiores** – nesse caso, não há interseção entre as duas circunferências, ou seja, o sistema formado pelas duas equações não tem solução e a distância d entre os centros é menor que o módulo da diferença entre os raios R_1 e R_2. Observe a figura 5.8.

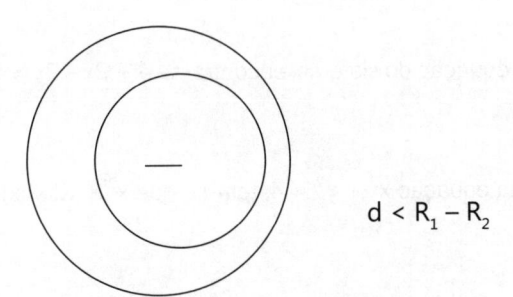

$$d < R_1 - R_2$$

Figura 5.8 Circunferências interiores

EXERCÍCIO RESOLVIDO

7) Sejam as circunferências de equações (C_1) $x^2 + y^2 - 4 = 0$ e (C_2) $x^2 + y^2 + 2x - 2y = 0$. Determine:

a) A posição relativa de C_1 e C_2.

b) Os pontos de interseção de C_1 e C_2.

Solução

a) Quando a equação geral da circunferência é $x^2 + y^2 + A.x + B.y + C = 0$ as coordenadas do centro são dadas por

$x_c = -\dfrac{A}{2}$ e $y_c = -\dfrac{B}{2}$ e $R = \sqrt{x_c^2 + y_c^2 - C}$

Assim, para a circunferência C_1 tem-se:

$$x_c = -\frac{0}{2} = 0; \quad y_c = -\frac{0}{2} = 0 \text{ e } R = \sqrt{0^2 + 0^2 - (-4)} = 2$$

e para a circunferência C_2 tem-se:

$$x_c = -\frac{2}{2} = -1; \quad y_c = -\frac{-2}{2} = 1 \text{ e } R = \sqrt{(-1)^2 + (1)^2} = \sqrt{2}$$

Distância entre os centros das circunferências C_1 e C_2 é dada por:

$$d = \sqrt{(-1-0)^2 + (1-0)^2} = \sqrt{2}$$

Observe que é verdade a relação $R_1 - R_2 < d < R_1 + R_2$ para C_1 e C_2, ou seja, são secantes.

b) Para se determinar os pontos de interseção das circunferências C_1 e C_2, deve-se resolver o sistema a seguir:

$$\begin{cases} x^2 + y^2 - 4 = 0 \\ x^2 + y^2 + 2x - 2y = 0 \end{cases}$$

A primeira equação pode ser reescrita como $x^2 + y^2 = 4$.

Substituindo na segunda equação do sistema, encontra-se $4 + 2x - 2y = 0$, ou ainda, $2y = 4 + 2x$ ou $y = 2 + x$.

Substituindo $y = 2 + x$ na equação $x^2 + y^2 = 4$, tem-se que $x^2 + (2 + x)^2 = 4$.

$x^2 + 4 + 4x + x^2 = 4$

$2x^2 + 4x = 0$

$x = 0$ ou $x = -2$

Como $y = 2 + x$, para $x = 0$, $y = 2$ e para $x = -2$, $y = 0$. Logo os pontos de interseção são A $(0, 2)$ e B $(-2, 0)$.

EXERCÍCIOS DE FIXAÇÃO

1) Determine a equação reduzida da circunferência de raio 3 e centro com coordenadas $(-2, 4)$.

2) Sendo a equação geral da circunferência $x^2 + y^2 - 10x + 6y + 18 = 0$, determine:

a) A equação reduzida desta circunferência.

b) As coordenadas do centro desta circunferência.

c) O raio R desta circunferência.

3) Considere a circunferência cuja equação é $x^2 + y^2 - 2x - 4y + 1 = 0$.

a) Determine a equação reduzida desta circunferência.

b) As coordenadas do centro.

c) O raio R desta circunferência.

d) Estude a posição dos pontos A (1, 0), B (2, 2) e C (4, 1) em relação à circunferência.

4) Determine a equação reduzida da circunferência com centro (2, 4) e tangente ao eixo das ordenadas.

5) Considere a equação geral da circunferência $x^2 + y^2 - Ax + By + C = 0$. Determine os valores de A, B e C para que esta circunferência tenha raio igual a 2 e centro (1, –5).

6) Determine a posição relativa da reta r e da circunferência C, cujas equações são:

r: $x - y = 0$ e   C: $x^2 + y^2 - 6.y + 5 = 0$

7) Considere uma circunferência cujas coordenadas do centro são C (2, 1) e que passa pelo ponto A (0, 3). Determine:

a) O raio R desta circunferência

b) A equação reduzida.

8) (FGV – SP, 1997) Uma empresa produz apenas dois produtos A e B, cujas quantidades anuais (em toneladas) são respectivamente x e y. Sabe-se que x e y satisfazem a relação:

$x^2 + y^2 + 2x + 2y - 23 = 0$

a) Esboçar o gráfico da relação, indicando o nome da curva.

b) Que quantidades devem ser produzidas se, por razões estratégicas, a quantidade produzida do produto B for o dobro do A?

9) (PUC – Campinas, 2001) Sejam o ponto P (–3; 0), a reta r de equação $y = x + 6$ e a circunferência C de equação $x^2 + y^2 - 4y = 0$. É verdade que:

a) P pertence ao interior de C.

b) P pertence a r.

c) r e C não têm pontos comuns.

d) r e C interceptam-se em um único ponto.

e) r e C interceptam-se em dois pontos.

10) (PUC – Campinas, 2000) A circunferência λ representada a seguir é tangente ao eixo das ordenadas na origem do sistema de eixos cartesianos.

CURIOSIDADE

Elipse

Vários ramos da engenharia valem-se das cônicas. Na engenharia mecânica, por exemplo, é comum o uso de engrenagens elípticas.

A utilização dessas cônicas nas várias ciências vem acompanhando o homem e sua evolução há séculos. Para ilustrar, pode-se citar o monumento da Roma antiga – o Coliseu – cuja seção horizontal apresenta a forma de uma elipse.

Coliseu © Sonia Hey

Outro exemplo histórico relaciona-se ao grande Arquimedes, que teria incendiado parte da esquadra romana que atacou Siracusa. Ele construíra espelhos que convergiam a luz solar sobre os navios, incendiando-os.

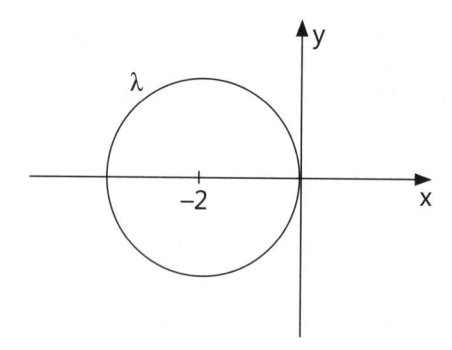

A equação de λ é
a) $x^2 + y^2 + 4x + 4 = 0$
b) $x^2 + y^2 + 4y + 4 = 0$
c) $x^2 + y^2 + 4x = 0$
d) $x^2 + y^2 + 4y = 0$
e) $x^2 + y^2 + 4 = 0$

5.2 Elipse

Definição

Considere o plano cartesiano xy e dois pontos distintos fixos conhecidos F_1 e F_2 deste plano, denominados focos. O lugar geométrico (L.G.) dos pontos P (x, y) deste plano, a soma de cujas distâncias aos focos é constantes, é conhecido como ***elipse***. A distância entre os focos F_1 e F_2 é 2c, conhecida com distância focal.

A soma das distâncias de P a F_1 e de P a F_2 é dada por 2a, sendo a um número real tal que 2a > 2c. Observe a figura 5.9:

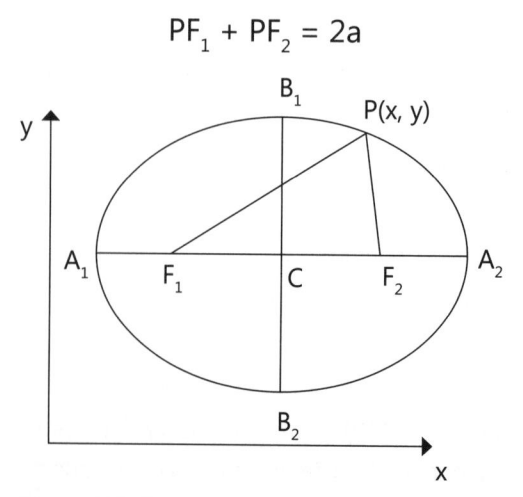

$$PF_1 + PF_2 = 2a$$

Figura 5.9 Elipse de focos F_1 e F_2 e centro C

Elementos da elipse

Observando a figura 5.10, é possível descrever alguns elementos da cônica denominada elipse. Os pontos F_1 e F_2 fixos são denominados focos da elipse, e a distância $F_1F_2 = 2c$ é a distância focal. No ponto médio entre F_1 e F_2 existe o centro C. O eixo A_1A_2 é denominado eixo maior e tem comprimento 2a. O eixo B_1B_2, perpendicular ao eixo maior A_1A_2, tem comprimento 2b. Os pontos A_1, A_2, B_1 e B_2 são conhecidos como vértices da elipse. Os focos F_1 e F_2 pertencem ao eixo maior quando a elipse está "alongada" na horizontal, e pertencem ao eixo menor quando esta é "alongada" na vertical.

A excentricidade **e** de uma elipse é um número real positivo menor que 1, isto é, 0 < e < 1, e é definida pela relação $e = \dfrac{c}{a}$.

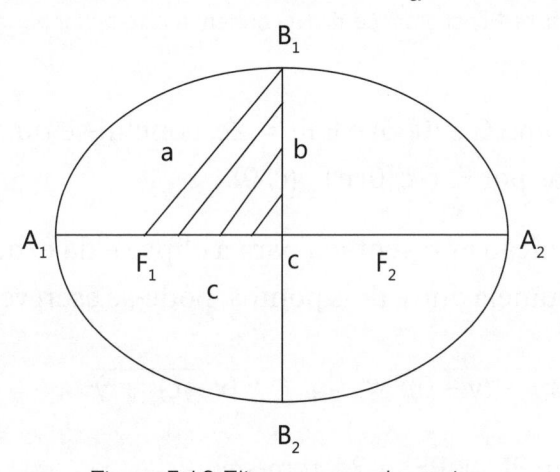

Figura 5.10 Elipse e seus elementos

É fácil perceber na figura acima que o triângulo hachurado B_1CF_1 é retângulo e, portanto, é válido o teorema de Pitágoras. Assim, para toda elipse vale a seguinte relação entre os valores de a, b e c:

$a^2 = b^2 + c^2$

Equação reduzida da elipse de centro na origem

Em nosso estudo, iremos considerar sempre a situação em que os eixos da elipse são paralelos aos eixos cartesianos x e y. Assim, duas são as possibilidades: eixo maior paralelo ao eixo das abscissas ou paralelo ao eixo das ordenadas.

Inicialmente, será considerada a elipse com centro na origem (0, 0) e eixo maior 2a paralelo ao eixo das abscissas. Neste caso, a elipse será "alongada" na horizontal. Observe a figura 5.11.

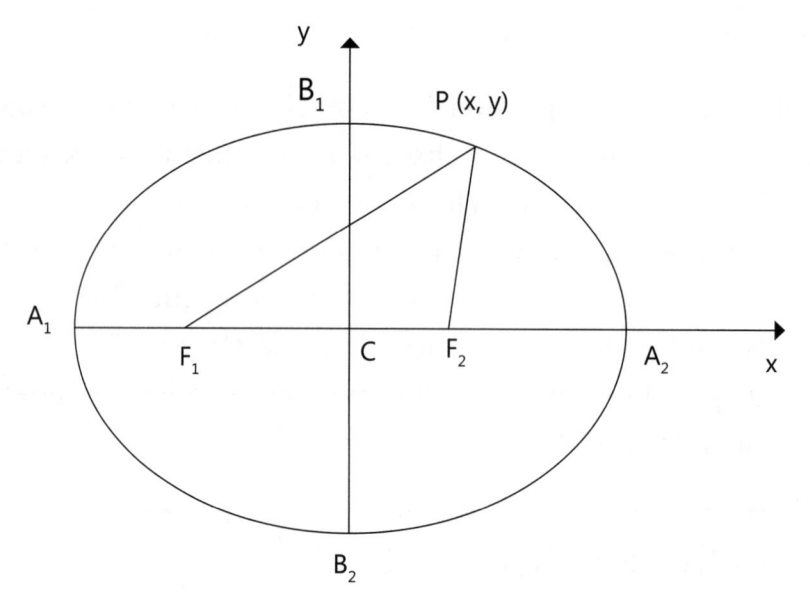

Figura 5.11 Elipse com centro na origem e eixo maior horizontal

Observe que, como C é (0, 0) e $F_1F_2 = 2c$, conclui-se que as coordenadas dos focos são dadas por F_1 (–c, 0) e F_2 (c, 0).

A partir da definição apresentada para a elipse e da expressão para a determinação da distância entre dois pontos, pode-se escrever que:

$$d_{PF1} = \sqrt{(x-(-c))^2 + (y-0)^2} \quad \text{e} \quad d_{PF2} = \sqrt{(x-c)^2 + y^2}$$

Substituindo em $PF_1 + PF_2 = 2a$, tem-se:

$$\sqrt{(x-(-c))^2 + (y-0)^2} + \sqrt{(x-c)^2 + (y-0)^2} = 2a$$

$$\frac{x^2}{a^2} + \frac{y^2}{b^2} = 1$$

Agora, considere a elipse com centro na origem (0, 0) e eixo menor 2b paralelo ao eixo das abscissas. Neste caso, a elipse será "alongada" na vertical. Observe a Figura 5.12.

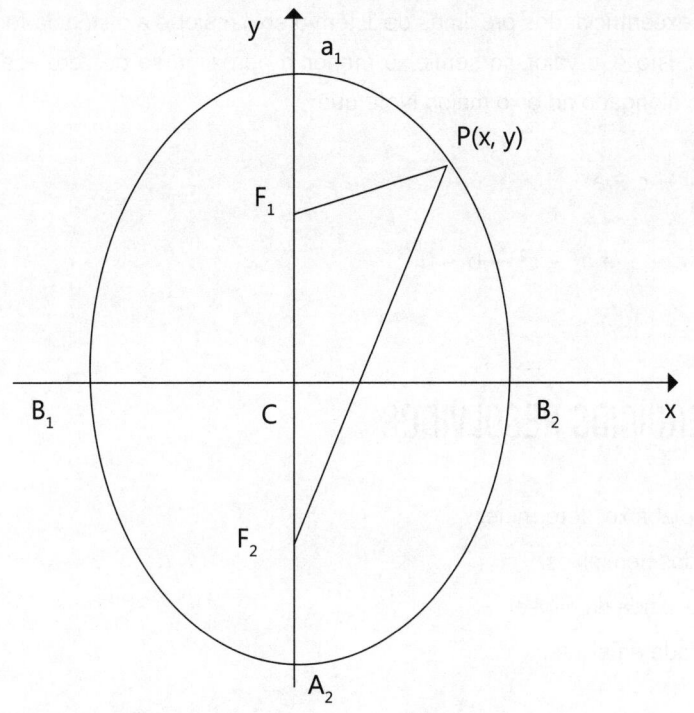

Figura 5.12 Elipse com centro na origem e eixo menor horizontal

Observe que como C é (0, 0) e $F_1F_2 = 2c$, conclui-se que as coordenadas dos focos são dadas por F_1 (0, c) e F_2 (0, –c).

A partir da definição apresentada para a elipse no item 5.1 e da expressão para a determinação da distância entre dois pontos, pode-se escrever que:

$d_{PF1}\sqrt{(x-0)^2 + (y-c)^2}$ e $d_{PF2}\sqrt{(x-0)^2 + (y-(-c))^2}$

Substituindo em $PF_1 + PF_2 = 2a$, tem-se:

$\sqrt{x^2 + (y-c)^2} + \sqrt{x^2 + (y+c)^2} = 2a$

$$\frac{x^2}{b^2} + \frac{y^2}{a^2} = 1$$

OBSERVAÇÕES

1) A excentricidade da elipse relaciona-se com a forma desta. Elipses com excentricidades próximas de 0 têm os semieixos maior e menor com comprimentos próximos, isto é, aproximam-se de um círculo. Note que:

$e = \dfrac{c}{a} \rightarrow 0 \sim \dfrac{c}{a} \rightarrow c \sim 0$

$a^2 = b^2 + c^2$ e $c \sim 0 \rightarrow a^2 \sim b^2 \rightarrow a \sim b$

2) Elipses com excentricidades próximas de 1 têm o eixo maior e a distância focal, comprimentos próximos, isto é, o valor do semieixo menor **b** aproxima-se de zero – a elipse tem um comprimento alongado no eixo maior. Note que:

$$e = \frac{c}{a} \to 1 \sim \frac{c}{a} \to c \sim a$$

$a^2 = b^2 + c^2$ e $c \sim a \to a^2 \sim c^2 \to b \sim 0$

EXERCÍCIOS RESOLVIDOS

8) Dada a elipse abaixo, determine:

a) As medidas dos semieixos.

b) A equação reduzida da elipse.

c) A excentricidade da elipse.

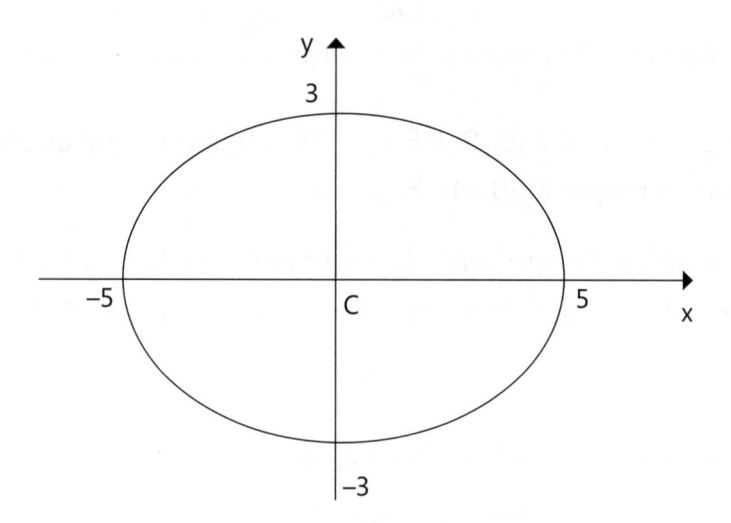

Solução

a) A partir da figura conclui-se que $2a = 10$, portanto o semieixo maior é igual a 5. Da mesma forma, é possível observar que $2b = 6$ e $b = 3$ (semieixo menor).

b) Note que a elipse é "alongada" na horizontal, assim sua equação reduzida é:

$$\frac{x^2}{a^2} + \frac{y^2}{b^2} = 1$$

Substituindo a e b, tem-se:

$$\frac{x^2}{5^2} + \frac{y^2}{3^2} = 1 \to \frac{x^2}{25} + \frac{y^2}{9} = 1$$

c) A excentricidade da elipse é dada pela relação $e = \frac{c}{a}$.

Como $a^2 - b^2 + c^2$, tem-se que $5^2 - 3^2 + c^2 \to c = 4$

Portanto,

$$e = \frac{c}{a} = \frac{4}{5} = 0{,}8$$

9) Considere a elipse na figura a seguir.

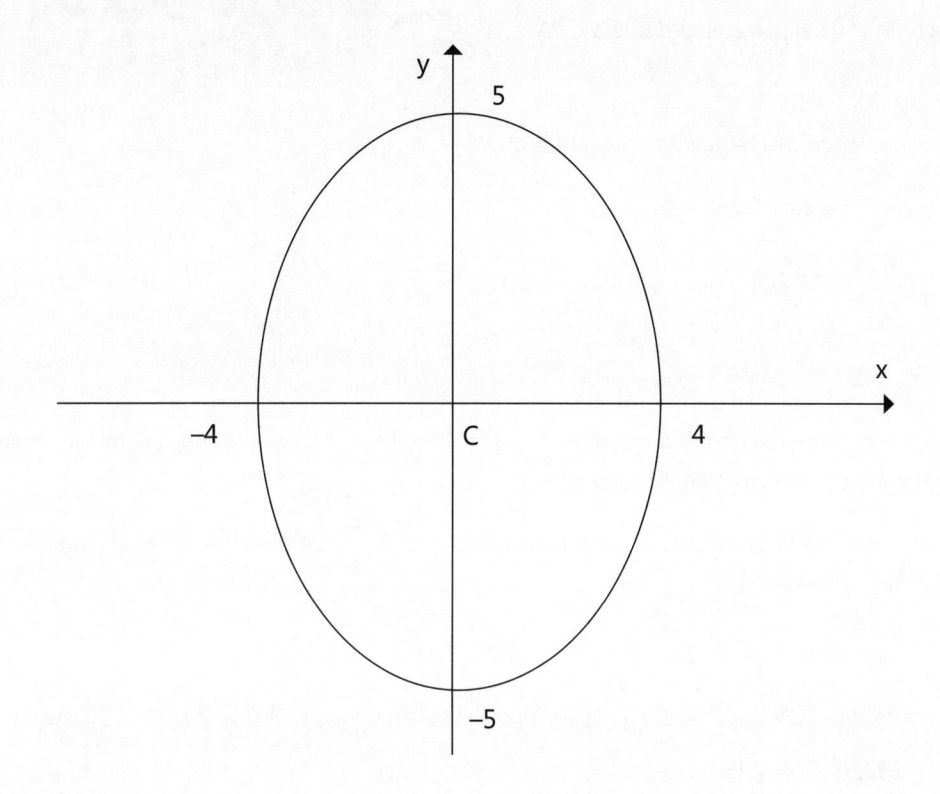

Determine:

a) As medidas dos semieixos.
b) A equação reduzida da elipse.
c) A excentricidade da elipse.

Solução

a) A partir da figura, conclui-se que 2a = 10. Portanto, o semieixo maior é igual a 5. Da mesma forma, é possível observar que 2b = 8 e b = 4 (semieixo menor).

b) Note que a elipse é "alongada" na vertical. Assim sua equação reduzida é:

$$\frac{x^2}{b^2} + \frac{y^2}{a^2} = 1$$

Substituindo a e b, tem-se:

$$\frac{x^2}{4^2} + \frac{y^2}{5^2} = 1 \rightarrow \frac{x^2}{16} + \frac{y^2}{25} = 1$$

c) A excentricidade da elipse é dada pela relação $e = \frac{c}{a}$. Como $a^2 = b^2 + c^2$, tem-se que $5^2 = 4 + c^2 \rightarrow c = 3$

$$e = \frac{c}{a} = \frac{3}{5} = 0{,}6$$

10) Considere a equação da elipse $9.x^2 + 25.y^2 - 225$.

Determine:

a) Os semieixos desta elipse.
b) A excentricidade da elipse.
c) O ponto P da elipse cuja ordenada é $2\sqrt{2}$.

Solução

a) Reescrevendo-se a equação apresentada:

$9.x^2 + 25.y^2 = 225 \div 225$

$\dfrac{9.x^2}{225} + \dfrac{25.y^2}{225} = \dfrac{225}{225}$

$\dfrac{x^2}{25} + \dfrac{y^2}{9} = 1$

Como $a > b$, tem-se a partir da equação que $a^2 = 25$ e $b^2 = 9$. Dessa forma, o semieixo maior **a** é igual a 5 e o semieixo menor **b** é igual a 3.

b) A excentricidade da elipse é dada pela relação $e = \dfrac{c}{a}$. Como $a^2 = b^2 + c^2$, tem-se que $5^2 = 3^2 + c^2 \rightarrow c = 4$

$e = \dfrac{c}{a} = \dfrac{4}{5} = 0,8$

c) O ponto $P(m, 2\sqrt{2})$ pertence à elipse, logo satisfaz à equação $9.x^2 + 25.y^2 = 225$. Assim,

$9.m^2 + 25.(2\sqrt{2})^2 = 225$

$9.m^2 + 25.8 = 225$

$9.m^2 = 225 - 200$

$9.m^2 = 25 \rightarrow m^2 = \dfrac{25}{9} \rightarrow m = \pm\dfrac{5}{3}$

11) Considere a elipse de centro na origem e eixo maior igual a **10**. Se um dos focos é F (3, 0), determine a equação desta elipse.

Solução

Como a elipse está centrada na origem e o foco é do tipo $(\pm c, 0)$, sua equação é do tipo:

$\dfrac{x^2}{a^2} + \dfrac{y^2}{b^2} = 1$

Além disso, $2a = 10$. Logo o semieixo maior $a = 5$.
Como o foco é $(3,0)$, $c = 3$.

Substituindo na equação $a^2 = b^2 + c^2$, é possível determinar o valor de b.
$5^2 = b^2 + 3^2$
$25 = b^2 + 9 \rightarrow b = \pm 3$

Logo,

$\dfrac{x^2}{25} + \dfrac{y^2}{9} = 1$

Equação reduzida da elipse de centro (x_0, y_0)

Consideraremos os eixos maior e menor da elipse paralelos aos eixos cartesianos x e y assim como quando a elipse está centrada na origem. Deste modo, duas são as possibilidades: eixo maior paralelo ao eixo das abscissas ou paralelo ao eixo das ordenadas.

Inicialmente, será considerada a elipse com centro no ponto C (x_0, y_0) e eixo maior 2a paralelo ao eixo das abscissas. Neste caso, a elipse será "alongada" na horizontal. Observe a figura 5.13.

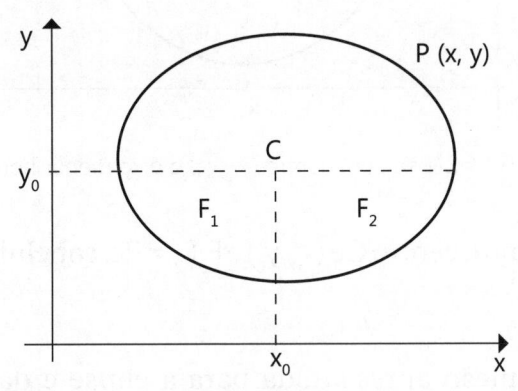

Figura 5.13 Elipse com centro (x_0, y_0) e eixo maior horizontal

Observe que, como o centro C é (x_0, y_0) e $F_1F_2 = 2c$, conclui-se que $F_1 (x_0 - c, y_0)$ e $F_2 (x_0 + c, y_0)$.

A partir da definição apresentada para a elipse e da expressão para a determinação da distância entre dois pontos, pode-se escrever que:

$d_{PF1} = \sqrt{(x - (x_0 + c))^2 + (y - y_0)^2}$ e $d_{PF2} = \sqrt{(x - (x_0 + c))^2 + (y - y_0)^2}$

Substituindo em $PF_1 + PF_2 = 2a$, tem-se:

$\sqrt{(x - (x_0 + c))^2 + (y - y_0)^2} + \sqrt{(x - (x_0 + c))^2 + (y - y_0)^2} = 2a$

Após o desenvolvimento algébrico, podemos escrever:

$$\frac{(x - x_0)^2}{a^2} + \frac{(y - y_0)^2}{b^2} = 1$$

Agora, considere a elipse com centro C (x_0, y_0) e eixo menor 2b paralelo ao eixo das abscissas. Neste caso, a elipse será "alongada" na vertical. Observe a figura 5.14.

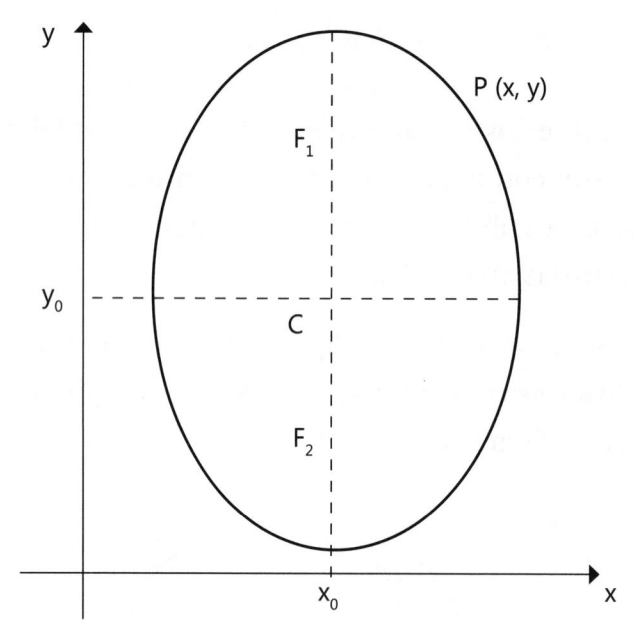

Figura 5.14 Elipse com centro (x_0, y_0) e eixo menor horizontal

Observe que, como o centro C é (x_0, y_0) e $F_1F_2 = 2c$, conclui-se que $F_1(x_0, y_0 + c)$ e $F_2(x_0, y_0 - c)$.

A partir da definição apresentada para a elipse e da expressão para a determinação da distância entre dois pontos, pode-se escrever que:

$$d_{PF1} = \sqrt{(x + x_0)^2 + (y - (y_0 + c))^2} \text{ e } d_{PF2} = \sqrt{(x + x_0)^2 + (y - (y_0 - c))^2}$$

Substituindo em $PF_1 + PF_2 = 2a$, tem-se:

$$\sqrt{(x - x_0)^2 - (y - (y_0 + c))^2} + \sqrt{(x - x_0)^2 + (y - (y_0 - c))^2} = 2a$$

Após o desenvolvimento algébrico, podemos escrever:

$$\frac{(x - x_0)^2}{b^2} + \frac{(y - y_0)^2}{a^2} = 1$$

EXERCÍCIOS RESOLVIDOS

12) Considere uma elipse cujo eixo maior é paralelo ao eixo das ordenadas e tem centro (2, –3). Se o semieixo menor vale 4 e a excentricidade 1/3, determine:
a) A equação reduzida desta elipse.
b) As coordenadas dos focos.

Solução

a) Semieixo menor $b = 4$ e centro $(x_0, y_0) = (2, -3)$

Excentricidade é dada por $e = \dfrac{c}{a}$. Assim, $\dfrac{1}{3} = \dfrac{c}{a} \rightarrow a = 3c$

Substituindo na equação $a^2 = b^2 + c^2$, é possível determinar os valores de a e c, ou seja:

$(3c)^2 = 4^2 + c^2 \rightarrow 9c^2 = 16 + c^2 \rightarrow 8c^2 = 16 \rightarrow c = \sqrt{2}$

Como $a = 3.c$, $a = 3.\sqrt{2a}$

O eixo maior é paralelo ao eixo das ordenadas, portanto tem equação dada por:

$$\dfrac{(x-x_0)^2}{b^2} + \dfrac{(y-y_0)^2}{a^2} = 1$$

Substituindo:

$$\dfrac{(x-2)^2}{4^2} + \dfrac{(y-(-3))^2}{3.\sqrt{2}} = 1$$

$$\dfrac{(x-2)^2}{16} + \dfrac{(y+3)^2}{18} = 1$$

b) Quando o eixo maior da elipse é paralelo ao eixo y, os focos F_1 e F_2 são dados por $F_1 (x_0, y_0 + c)$ e $F_2 (x_0, y_0 - c)$, ou seja:

$F_1 (2, -3 + \sqrt{2})$ e $F_2 (2, -3 - \sqrt{2})$.

13) Considere a equação da elipse dada por $16x^2 + 9y^2 - 64x - 54y + 1 = 0$. Determine a sua equação reduzida.

Solução

Devemos escrever a equação da seguinte forma: $\dfrac{(x-x_0)^2}{b^2} + \dfrac{(y-y_0)^2}{a^2} = 1$

Note que podemos reescrever a equação dada da seguinte maneira:

$16x^2 + 9y^2 - 64x - 54y + 1 = 0$

$16x^2 - 64x + 9y^2 - 54y + 1 = 0$

$16.(x^2 - 4.x) + 9.(y^2 - 6.y) + 1 = 0$

$16.(x^2 - 2.2.x + 4) + 9.(y^2 - 2.3.y + 9) + 1 - 16.4 - 9.9 = 0$

$16.(x - 2)^2 + 9.(y - 3)^2 = 16.4 + 9.9 - 1$

$16.(x - 2)^2 + 9.(y - 3)^2 = 144$

$16.(x - 2)^2 + 9.(y - 3)^2 = 144 \div (144)$

$$\dfrac{(x-2)^2}{9} + \dfrac{(y-3)^2}{16} = 1$$

14) Considere a equação da elipse dada por $25x^2 + 16y^2 + 288y + 896 = 0$. Determine:

a) Os semieixos maior e menor.

b) A excentricidade da elipse.

c) O seu centro.

d) Os focos.

Solução

Inicialmente, devemos escrever a equação da seguinte forma:

$$\frac{(x-x_0)^2}{b^2} + \frac{(y-y_0)^2}{a^2} = 1$$

Note que podemos reescrever a equação dada da seguinte maneira:

$25x^2 + 16(y^2 + 18.y) + 896 = 0$

$25x^2 + 16(y^2 + 2.9.y) + 896 = 0$

Completando para obtermos um soma ao quadrado, temos:

$25x^2 + 16(y^2 + 2.9.y + 81) + 896 - 16.81 = 0$

$25x^2 + 16(y^2 + 2.9.y + 81) = 16.81 - 896$

$25x^2 + 16(y + 9)^2 = 16.81 - 896$

$25x^2 + 16(y + 9)^2 = 400$

$25x^2 + 16(y + 9)^2 = 400 \div (400)$

$$\frac{x^2}{16} + \frac{(y-9)^2}{25} = 1$$

Assim,

a) $a^2 = 25 \rightarrow a = 5$ e $b^2 = 16 \rightarrow b = 4$

b) $a^2 = b^2 + c^2 \rightarrow 5^2 = 4^2 + c^2 \rightarrow c = 3$. Logo, $e = \dfrac{c}{a} = \dfrac{3}{5} = 0,6$

c) Da comparação das expressões $\dfrac{(x-x_0)^2}{b^2} + \dfrac{(y-y_0)^2}{a^2} = 1$ e $\dfrac{x^2}{16} + \dfrac{(y-9)^2}{25} = 1$, tem-se $x_0 = 0$ e $y_0 = -9$.

d) Como a expressão é do tipo $\dfrac{(x-x_0)^2}{b^2} + \dfrac{(y-y_0)^2}{a^2} = 1$, os focos são determinados por:

$F_1(x_0, y_0 + c)$ e $F_2(x_0, y_0 - c)$.

Portanto, $F_1(0, -9 + 3) = (0, -6)$ e $F_2(0, -9 - 3) = (0, -12)$.

EXERCÍCIOS DE FIXAÇÃO

11) Considere a elipse de equação $9x^2 + 25y^2 = 225$. Determine:
a) Os semieixos menor e maior.
b) A excentricidade.
c) A distância entre os focos.
d) As coordenadas dos focos.

12) Considere a equação $9x^2 + 4y^2 + 18x - 24y + 9 = 0$ que representa uma elipse no plano xy. Determine:
a) A equação reduzida desta elipse.
b) As coordenadas do centro.
c) As coordenadas dos focos.
d) A excentricidade.

13) Considere uma elipse cujo eixo maior é paralelo ao eixo das abscissas e tem centro (1, 2). Se o semieixo menor vale 6 e a excentricidade 0,6, determine:
a) A equação reduzida desta elipse.
b) As coordenadas dos focos.

14) Considere a elipse de centro na origem e eixo maior igual a 60. Se um dos focos é F (18, 0), determine:
a) O semieixo menor.
b) A excentricidade da elipse.
b) A equação desta elipse.

15) Um planeta X descreve uma *trajetória elíptica* tendo o seu "sol" como um dos focos desta elipse. Nesta trajetória, os eixos maior e menor são dados em milhões de km por 10 e 8. Determine o maior e o menor afastamentos deste planeta de seu sol.

16) (UNESP, 2003) A figura representa uma elipse.

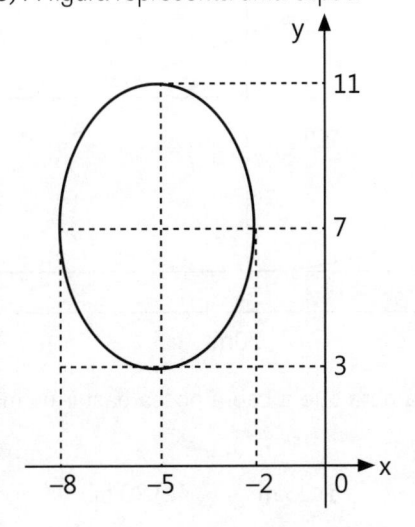

CURIOSIDADE

Trajetória elíptica

Em seu estudo a respeito da gravitação universal, Kepler descobriu que a órbita dos planetas do sistema solar era elíptica e não circular como se pensava na época. A descoberta inicial foi para o planeta Marte, tendo o Sol como um dos focos da elipse, e, mais tarde, estendida para todos os planetas. Ficou conhecida como sua primeira lei que se enuncia: "Cada planeta descreve uma órbita elíptica, da qual o Sol ocupa um dos focos."

A excentricidade da elipse é um número compreendido entre 0 e 1, que nos informa quão arredondada ou achatada é uma elipse. Assim, pelos valores da excentricidade da trajetória dos diversos planetas do sistema solar podemos inferir a forma desta elipse. A excentricidade da trajetória da Terra é cerca de 0,017, enquanto a de Marte é de 0,093.

A partir dos dados disponíveis, a equação desta elipse é:

a) $\dfrac{x^2}{5} + \dfrac{y^2}{7} = 1$

b) $\dfrac{(x+5)^2}{9} + \dfrac{(x-7)^2}{16} = 1$

c) $(x-5)^2 + (y-7)^2 = 1$

d) $\dfrac{(x-5)^2}{9} + \dfrac{(x+7)^2}{16} = 1$

e) $\dfrac{(x+3)^2}{5} + \dfrac{(x-4)^2}{7} = 1$

17) (UEL, 2005) Em uma praça, dispõe-se de uma região retangular de 20 m de comprimento por 16 m de largura para construir um jardim. A exemplo de outros canteiros, este deverá ter a forma elíptica e estar inscrito nessa região retangular. Para aguá-lo, serão colocados dois aspersores nos pontos que correspondem aos focos da elipse. Qual será a distância entre os aspersores?

a) 4 m b) 6 m c) 8 m d) 10 m e) 12 m

18) (UEL, 2007) Existem pessoas que nascem com problemas de saúde relacionados ao consumo de leite de vaca. A pequena Laura, filha do Sr. Antônio, nasceu com este problema. Para solucioná-lo, o Sr. Antônio adquiriu uma cabra que pasta em um campo retangular medindo 20 m de comprimento e 16 m de largura. Acontece que as cabras comem tudo o que aparece à sua frente, invadindo hortas, jardins e chácaras vizinhas. O Sr. Antônio resolveu amarrar a cabra em uma corda presa pelas extremidades nos pontos A e B que estão 12 m afastados um do outro. A cabra tem uma argola na coleira por onde é passada a corda, de tal modo que ela possa deslizar livremente por toda a extensão da corda. Observe a figura e responda a questão a seguir.

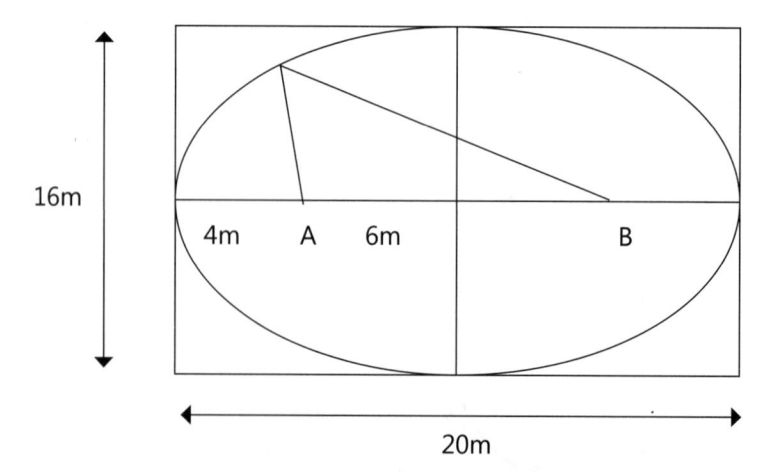

Qual deve ser o comprimento da corda para que a cabra possa pastar na maior área possível, dentro do campo retangular?

a) 10 m b) 15 m c) 20 m d) 25 m e) 30 m

19) Considere uma elipse cuja equação é $\frac{x^2}{16} + \frac{y^2}{25} = 1$. Um losango ABCD é inscrito nesta elipse de tal forma que cada um dos vértices A, B, C e D coincida com os vértices da elipse. Determine o perímetro e a área deste losango.

20) Considere um ponto P (x, y) da elipse cuja equação é dada por $\frac{x^2}{9} + \frac{y^2}{4} = 1$. Se o ponto P dista 2 de um dos focos, determine a distância de P ao outro foco da elipse.

21) Considere dois pontos A (10, 0) e B (–5, y) pertencentes à elipse cujos focos têm coordenadas F_1 (–8, 0) e F_2 (8, 0). Determine:
a) A equação reduzida desta elipse.
b) O perímetro do triângulo BF_1F_2.

5.3 Parábola

Introdução

A ***parábola*** é uma curva plana definida no R^2. É o lugar geométrico dos pontos que são equidistantes de um ponto (foco) e de uma reta (diretriz).

A parábola da figura a seguir mostra alguns dos seus pontos, que são equidistantes do ponto F (foco da parábola) e da reta r (diretriz da parábola).

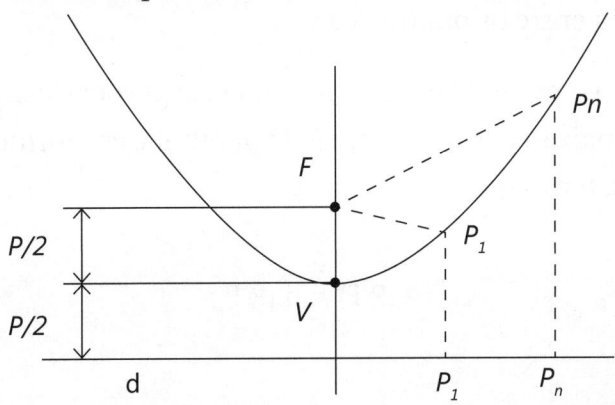

Figura 5.15 Pontos da parábola

Elementos de definição da parábola

Numa parábola arbitrária, temos os seguintes elementos:

? CURIOSIDADE

Parábola

Na engenharia civil, as pontes pênseis apresentam o cabo que sustenta os tirantes no formato parabólico. Como exemplo, temos a ponte Akashi Kaikyo, no Japão.

Ponte © Leung Cho Pan

Outra bela aplicação das parábolas na engenharia civil é a Catedral Metropolitana de Nossa Senhora Aparecida – conhecida como Catedral de Brasília – que foi projetada por Oscar Niemeyer. Suas estruturas de concreto são arcos de parábolas que apresentam funções estrutural e estética.

Catedral © Aguina

> **OBSERVAÇÃO**
>
> Equação da parábola
>
> A equação da parábola será representada também da seguinte forma:
>
> y = ax² + bx + c

- foco: o ponto F;

- diretriz: a reta r;

- eixo de simetria: a reta perpendicular à diretriz passando pelo ponto F;

- vértice: o ponto V de interseção do eixo de simetria com a parábola.

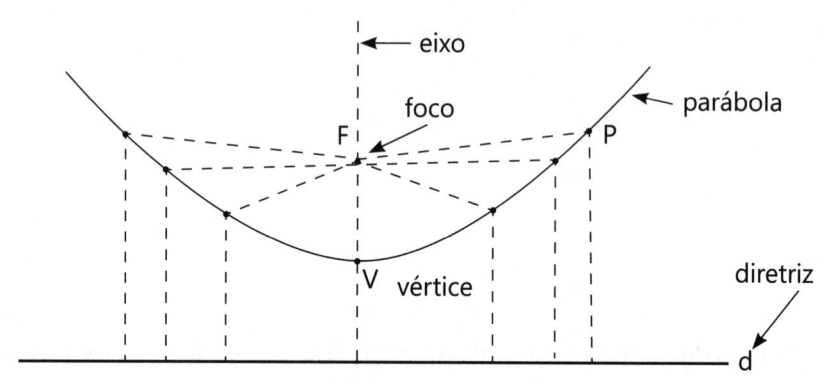

Figura 5.16 Elementos da parábola

Equação da parábola

Para obter a **_equação da parábola_**, define-se por d (A, B) a distância entre os pontos A e B.

Sendo o ponto P' a interseção da reta perpendicular à diretriz r, baixada de um ponto P da parábola, conforme as definições, tem-se:

$$d(P, F) = d(P, P')$$

Suponha que o eixo de simetria da parábola coincida com o eixo das ordenadas (y) e o vértice com a origem dos eixos, assim, F (0, p/2) e V (0, 0), conforme a figura 5.17.

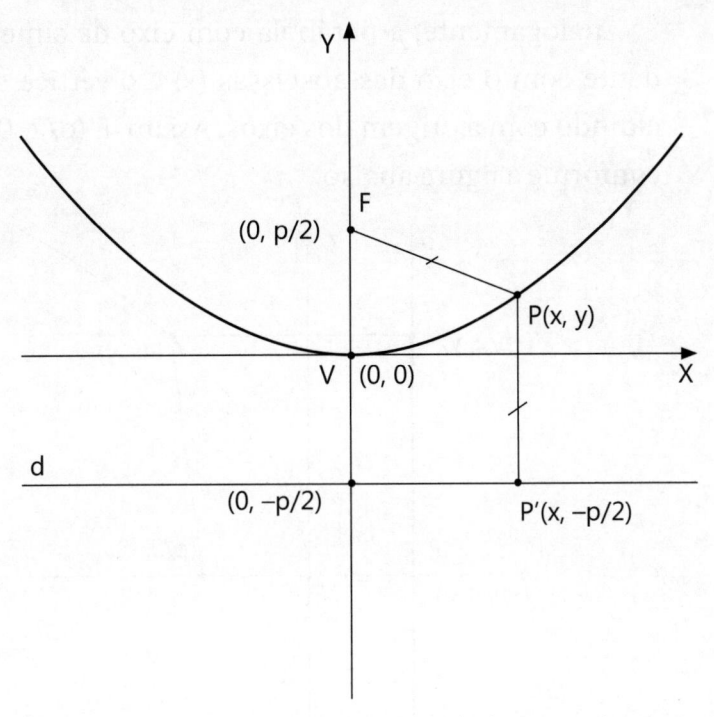

Figura 5.17 Parábola com eixo de simetria coincidindo com o eixo das ordenadas

Sendo assim:

$|\vec{FP}| = |\vec{PP'}|$

Como P'(x, – p/2)

$\vec{FP} = P - F = \left(x, y - \dfrac{p}{2}\right)$

$\vec{PP'} = P - P' = \left(0, y + \dfrac{p}{2}\right)$

$\left(x, y - \dfrac{p}{2}\right) = \left(0, y + \dfrac{p}{2}\right)$

$x^2 + \left(y - \dfrac{p}{2}\right)^2 = \left(y + \dfrac{p}{2}\right)^2$

$x^2 + y^2 - py + \dfrac{p^2}{4} = y^2 + py + \dfrac{p^2}{4}$

$x^2 = +2py$

A equação anterior é chamada equação reduzida da parábola e constitui a forma padrão da equação da parábola de vértice na origem, tendo como eixo o eixo das ordenadas.

> **? CURIOSIDADE**
>
> No estudo da resistência dos materiais, o diagrama do momento fletor na seção de uma viga submetida a uma carga uniforme é uma parábola.

Analogamente, a parábola com eixo de simetria coincidente com o eixo das abscissas (x) e o vértice ainda coincidindo com a origem dos eixos. Assim, F (p/2, 0) e V (0, 0), conforme a figura abaixo.

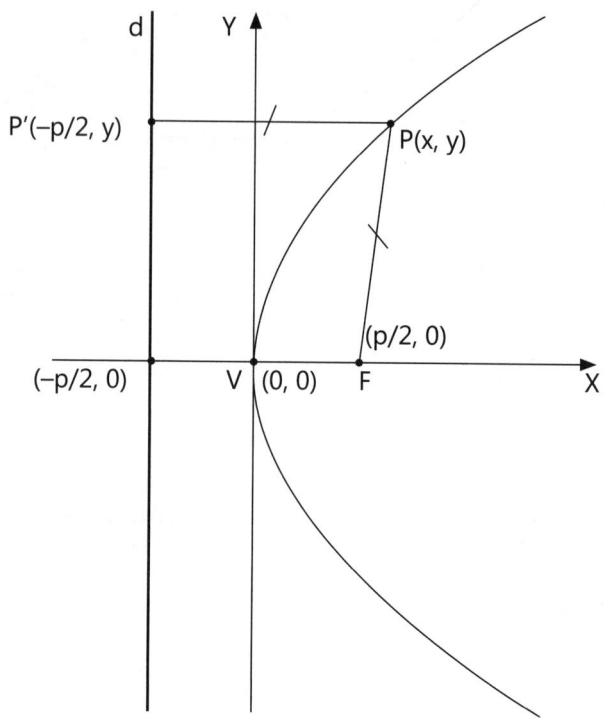

Figura 5.18 Parábola com eixo de simetria coincidindo com o eixo das abscissas

Desta forma, neste caso a equação reduzida da parábola é:

$$y^2 = +2px$$

EXERCÍCIO RESOLVIDO

15) Determine o foco e a equação da diretriz da parábola $y^2 = -4x$.

Solução

$y^2 = -4x$

Sabendo que a equação é do tipo:
$y^2 = +2px$

Assim:

$$2p = 4$$
$$p = -2$$
$$\frac{p}{2} = -1$$

Portanto,

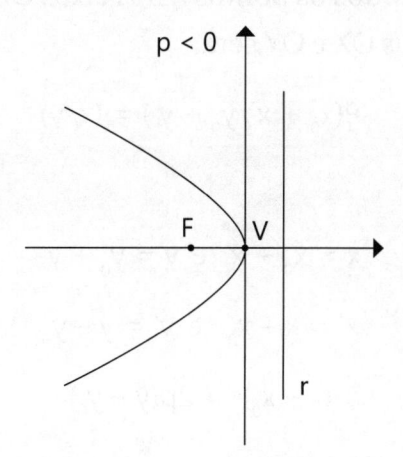

F(−1, 0) e diretriz: x = 1

Translação de eixo

Considerando um sistema de eixos ortogonais $\overline{OX}$ (eixo das abscissas) e $\overline{OY}$ (eixo das ordenadas), com o vértice da parábola coincidindo com a origem desses eixos, V (0, 0), como já foi visto, tem-se a equação da parábola:

$$x'^2 = 2py'$$

Onde x' e y' são, respectivamente, as representações das coordenadas dos pontos pertencentes à parábola nos eixos $\overline{OX}$ e $\overline{OY}$.

Representam-se os eixos OX (eixo das abscissas) e OY (eixo das ordenadas) paralelos e de igual sentido aos eixos $\overline{OX}$ e $\overline{OY}$, respectivamente. O vértice da parábola (origem do par de eixos anterior) terá as seguintes coordenadas neste novo par de eixos V $(x_0; y_0)$.

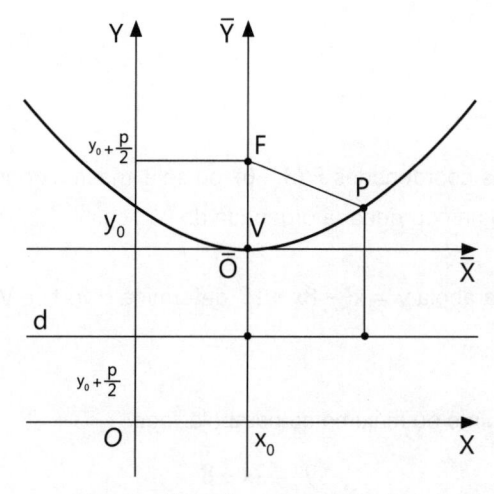

Figura 5.19 Translação de eixos

A representação de todos os pontos P nos eixos $\overline{OX}$ e $\overline{OY}$ é P(x', y'). A representação no par de eixos OX e OY será:

$$P(x_0 + x', y_0 + y') = (x, y)$$

Ou seja:

$$x = x_0 + x' \quad e \quad y = y_0 + y'$$

$$x' = x - x_0 \quad e \quad y' = y - y_0$$

$$(x - x_0)^2 = 2p(y - y_0)$$

Onde o vértice tem coordenadas $V(x_0, y_0)$.

EXERCÍCIOS RESOLVIDOS

16) Determine a equação da parábola de vértice V (3, –2) e diretriz y – 2 = 0.

Solução

$(x - x_0)^2 = +2p(y - y_0)$

$(x - 3)^2 = +2p(y + 2)$

$\dfrac{p}{2} = -2 - = -4$

Logo,

p = –8

$x^2 - 6x + 9 = + 2(-8)(y + 2)$

$x^2 - 6x + 9 = -16y - 32$

$16y = -x^2 + 6x - 41$

É a equação da parábola.
O foco da parábola tem as coordenadas F (3, –6), ou seja, mesma coordenada da abscissa do vértice (3) e mais P/2 (–4) na coordenada ordenada do vértice.

17) Dada a equação da parábola $y = x^2 - 8x + 15$, determine o vértice V, diretriz r e o foco F.

Solução

O vértice é o ponto de mínimo ou máximo da parábola, logo:

$$y' = 2x - 8$$
$$y' = 2x - 8 = 0$$

A coordenada das abscissas do vértice é 4.

$$y_v = (4)^2 - 8(4) + 15 = -1$$

Assim, V (4, −1).
Como:

$(x - x_0)^2 = +2p(y - y_0)$

$(x - 4)^2 = +2p(y - (-1))$

$x^2 - 8x + 16 = +2py + 2p$

$2py = x^2 - 8x + 16 - 2p$

$y = \dfrac{1}{2p}x^2 - \dfrac{4}{p}x + \dfrac{16 - 2p}{2p}$

Assim:

$\dfrac{1}{2p} = 1$ e $-\dfrac{4}{p} = -8$ e $\dfrac{16 - 2p}{2p} = 15$

Em todos os casos.

$p = \dfrac{1}{2}$ e $-\dfrac{p}{2} = \dfrac{1}{4}$

Logo a diretriz será: y = −5/4 e F (−3/4, 4).

> **CURIOSIDADE**
>
> Hipérbole
>
> Os telescópios de reflexão são um exemplo da aplicação das cônicas. Nesse caso, as superfícies refletoras são uma parábola e uma hipérbole. O princípio de funcionamento baseia-se nas propriedades de reflexão destas cônicas.

EXERCÍCIOS DE FIXAÇÃO

22) Determinar o vértice, o foco e a diretriz da parábola $y^2 + 6y - 8x + 1 = 0$

23) Determinar os valores dos parâmetros **a, b, c** da equação da parábola $x^2 + ay + bx + c = 0$, com vértice V (−4, 3) e foco F (−4, 1).

5.4 Hipérbole

Introdução

A **_hipérbole_** é uma curva plana definida no R^2. É definida como o lugar geométrico dos pontos cuja diferença das distâncias a dois pontos fixos (focos) deste plano é constante.

Considere-se no plano dois pontos distintos, F_1 e F_2, cuja distância é 2c, ou seja:

$$d(F_1, F_2) = 2c$$

A hipérbole será definida pelo conjunto dos pontos P (x, y) do plano, tais que a diferença das distâncias desse ponto aos pontos F_1 e F_2 seja fixa e igual a 2a, (2a < 2c), conforme a figura abaixo, ou seja:

$$d(P, F_1) - d(P, F_2) = 2a$$

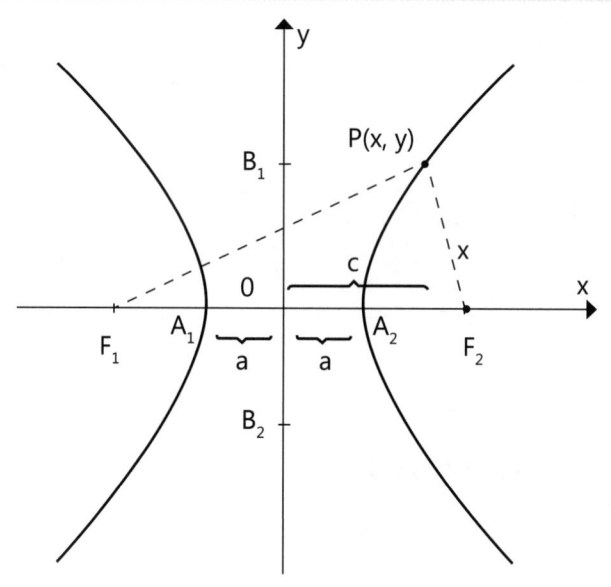

Figura 5.20 Hipérbole

Elementos de definição da hipérbole

Numa hipérbole arbitrária, temos os seguintes elementos:

- focos: os pontos F_1 e F_2;

- distância focal: distância 2c entre os focos;

- eixo real ou transverso: segmento de reta A_1A_2 de comprimento 2a;

- eixo imaginário ou conjugado: segmento de reta B_1B_2 perpendicular ao eixo real ou transverso, cuja interseção com o eixo maior é o centro dos eixos no ponto O;

- vértices: são os pontos A_1 e A_2;

Excentricidade (e): é a razão entre c e a, $e = \dfrac{c}{a}$.

OBSERVAÇÃO

Hipérbole é uma curva simétrica em relação aos eixos real e imaginário.

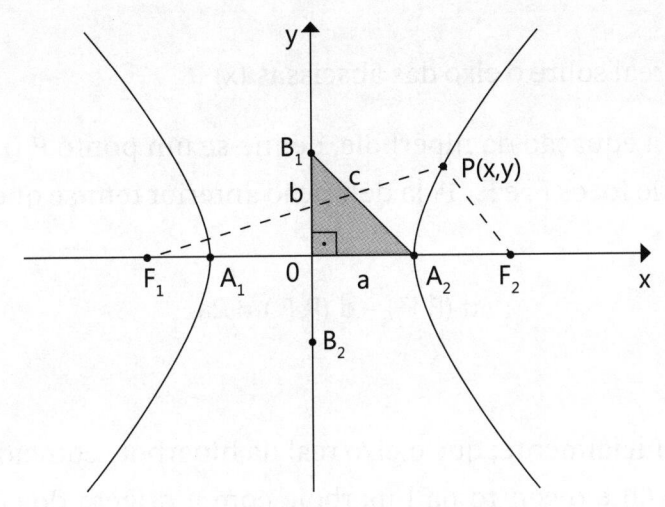

Figura 5.21 Elementos da hipérbole

Com base na figura acima, pode-se perceber que, em toda hipérbole, vale a seguinte relação entre as grandezas a, b e c.

$$c^2 = a^2 + b^2$$

Ao traçarmos duas retas, uma pelo centro O e pelo ponto (a, b) e a outra pelo centro O e pelo ponto (-a, b), como apresentado na figura abaixo, teremos duas retas que nunca se encontram com a hipérbole, apesar de quanto mais se afastam do centro, mais se aproximam da hipérbole. Essas retas são chamadas de assíntotas.

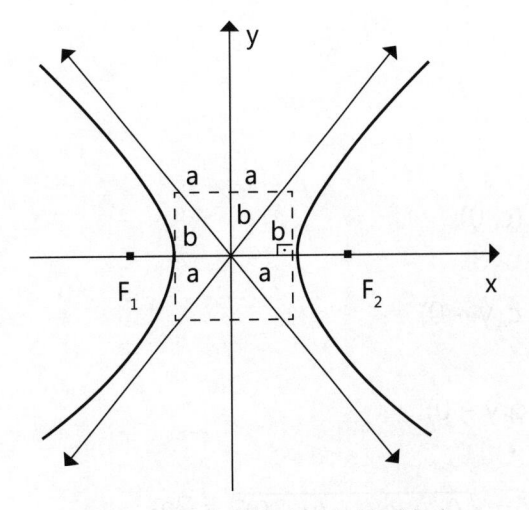

Figura 5.22 Assíntotas da hipérbole

As assíntotas são muito usadas para traçar os esboços dos gráficos das hipérboles.

Equação da hipérbole com centro na origem do sistema

1º caso: Eixo real sobre o eixo das abscissas (x)

Para obter a equação da hipérbole, define-se um ponto P (x, y) qualquer da hipérbole de focos F_1 e F_2. Pela definição anterior tem-se que:

$$d(P, F_1) - d(P, F_2) = 2a$$

Suponha, inicialmente, que o eixo real da hipérbole coincida com o eixo das abscissas (x) e o centro da hipérbole com a origem dos eixos. Assim, $F_1(-c, 0)$, $F_2(c, 0)$ e $O(0, 0)$, conforme a figura abaixo.

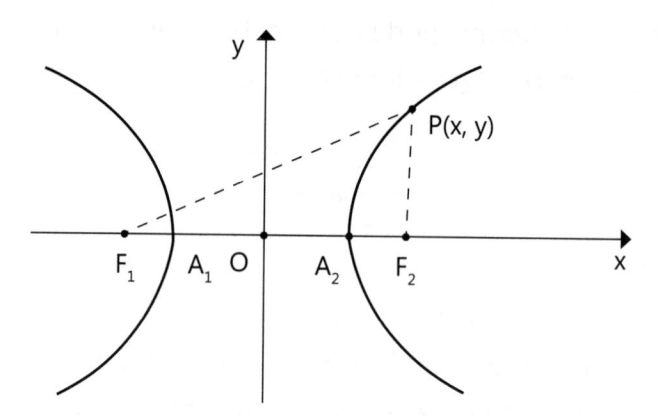

Figura 5.23 Hipérbole com eixo real coincidindo com o eixo das abscissas

Sendo assim:

$|\overrightarrow{F_1P}| - |\overrightarrow{F_2P}| = 2a$

Como $F_1(-c, 0)$ e $F_2(c, 0)$

$\overrightarrow{F_1P} = P - F_1 = (x + c, y - 0)$

$\overrightarrow{F_2P} = P - F_2 = (x - c, y - 0)$

$\sqrt{(x + c)^2 + (y - 0)^2} - \sqrt{(x + c)^2 + (y - 0)^2} = 2a$

Manipulando a equação acima e utilizando a relação que $c^2 = a^2 + b^2$, obtém-se:

$$\frac{x^2}{a^2} = \frac{y^2}{b^2} = 1$$

A equação acima é chamada equação reduzida da hipérbole e constitui a forma padrão da equação da hipérbole de centro na origem e que tem como eixo real o eixo das abscissas.

Analogamente, a hipérbole com eixo real coincidente com o eixo das ordenadas (y) e o centro ainda coincidindo com a origem dos eixos. Assim, $F_1(0, -c)$ e $F_2(0, c)$ e $O(0, 0)$.

Neste caso, a equação reduzida da elipse é:

$$\frac{x^2}{b^2} = \frac{y^2}{a^2} = 1$$

EXERCÍCIO RESOLVIDO

18) A hipérbole da figura abaixo tem a equação reduzida:

$$\frac{x^2}{9} - \frac{y^2}{4} = 1$$

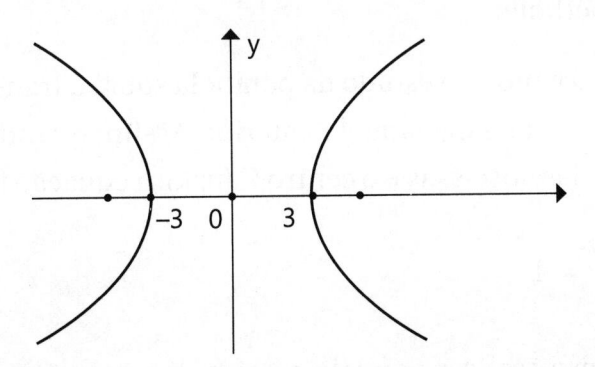

Determine as coordenadas dos vértices, dos focos e as equações das assíntotas.

Solução

Para obter os vértices (A_1 e A_2), faz-se $y=0$:

$$\frac{x^2}{9} - \frac{y^2}{4} = 1$$

x = ±3 (vértice)

$A_1 (0, -3)$ e $A_2 (0, 3)$

Fazendo-se x = 0, obtém-se:

$$\frac{0}{9} - \frac{y^2}{4} = 1$$

$$y^2 = -4$$

O resultado não pertence aos Reais. A hipérbole não corta o eixo das ordenadas. Contudo o valor do b será igual a 2.

Como:

$$c^2 = a^2 + b^2$$

$$c^2 = 3^2 + 2^2$$

$$c = \pm\sqrt{13}$$

Assim, os focos têm as seguintes coordenadas.

$F_1 = (-\sqrt{13}, 0)$ e $F_2 = (\sqrt{13}, 0)$

As equações das assíntotas da hipérbole serão:

$$y(x) = \frac{2}{3}x \text{ e } y(x) = -\frac{2}{3}$$

Equação da hipérbole de centro fora da origem do sistema

2º caso: Consideremos uma hipérbole de centro C (h, k) e um ponto P (x, y) qualquer da hipérbole.

Assim como já vimos no estudo da parábola sobre a translação do eixo, o caso da hipérbole é análogo àquele anterior. Assim, quando o eixo real for paralelo ao eixo das abscissas e o centro C (h, k), a equação passa a ser:

$$\frac{(x-y)^2}{a^2} - \frac{(x-k)^2}{b^2} = 1$$

No caso do eixo real ser paralelo ao eixo das ordenadas (y), da mesma forma a equação é:

$$\frac{(x-k)^2}{a^2} - \frac{(x-h)^2}{b^2} = 1$$

EXERCÍCIO RESOLVIDO

19) Determine a equação da hipérbole de focos $F_1(2, 3)$, $F_2(6, 3)$ e um dos seus vértices é $A_1(3, 3)$.

Solução

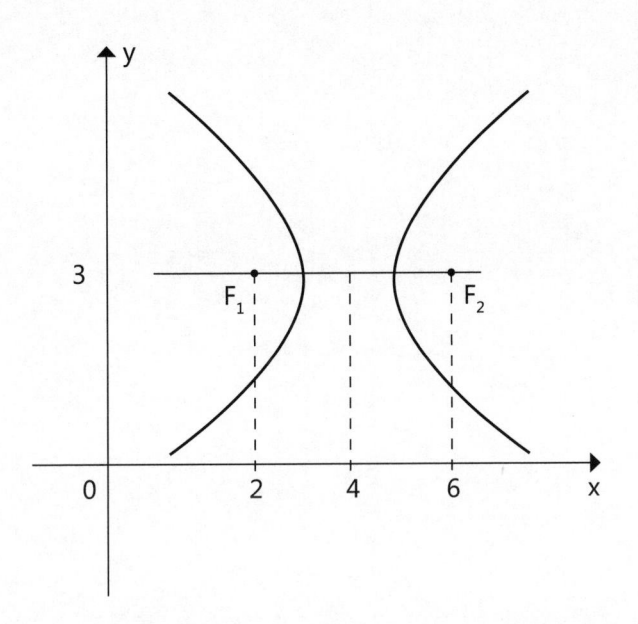

$a = 1$ e $c = 2$

$2^2 = 1^2 + b^2$

$b = \sqrt{3b}$

$\dfrac{(x-4)^2}{1^2} - \dfrac{(y-3)^2}{(\sqrt{13})^2} = 1$

$\dfrac{x^2 - 8x + 16}{1} - \dfrac{y^2 - 6y + 9}{1} = 1$

$3x^2 - 24x + 48 - y^2 + 6y - 9 = 3$

$3x^2 - y^2 + 6y - 24x + 36 = 0$

EXERCÍCIOS DE FIXAÇÃO

24) Determine o centro da hipérbole descrita pela equação abaixo:

$9x^2 - 4y^2 + 8y - 54x + 113 = 0$

25) Para a equação da hipérbole descrita no problema anterior, determine as coordenadas dos vértices.

IMAGENS DO CAPÍTULO

© Aguina | Dreamstime – Catedral Metropolitana Nossa Senhora Aparecida – Brasília.
© Leung Cho Pan | Dreamstime.com – Ponte de Akashi Kaikyo no Japão.
© Coliseu | Sonia Hey (foto).
Desenhos, gráficos e tabelas cedidos pelo autor do capítulo.

ANOTAÇÕES

ANOTAÇÕES